JN109856

安全・安心の繁盛パン屋が教える

小さなパン屋さんで成功する方法

パン屋開業支援 石窯工房あぐり
西島直孝・著
Nishijima Naotaka

SGBooks

まえがき

一度きりの人生！　自分のやりたいことをやろう！

「やりたいことを仕事にする」そんな言葉を世の中でよく耳にするようになり、７・８年経った感覚があります（普遍的にはありますが）。

私の創業に関して言えば、福岡大学卒業後、新卒で長崎のホテル業で働き、その会社がFCでやっていた「びっくりドンキー」でナショナルチェーンの仕組みを学んだ後、長崎で飲食店形態で独立開業しました。この時には、今のように「やりたいことを仕事にする」という言葉は私の中には正直ありませんでした。なぜなら、「ナショナルチェーンで学んだ方法を自分で試してみたい！　必ず自分のお店を持って成功する！」という意志が当然の物としてあり、自分が独立開業することが疑うことなく当然のことだと思っていたからです。

昔のような終身雇用は約束されない世の中となり、予期せぬパンデミック・コロナウイルスによって、働き方や生活様式の変化に伴い外食産業・中食産業は大きな変化の中にあります。

約25年続くデフレに消費税の増税。ロシアのウクライナ侵攻による物価上昇。いろいろなことが重なり息が詰まりそうな世の中ですが、私たちは生きていかなくてはなりません。そうだとすれば、**どうせ生きていくなら「自分のやりたいことを仕事にして自分の人生を楽しむ」方がいいに決まってます。**

ウィズコロナの今、私のところには多くの「パン屋開業に関する相談」が来ます。それは本業としてやりたい人、副業としてやりたい人、さまざまです。

パン屋の開業支援業者は全国で有名な大手や小規模でやっているところ数社がありますが、私の「パン屋開業支援　石窯工房あぐり」への問い合わせも数多くあります。日本国内は北海道から沖縄まで、世界ではニューヨーク・シアトル・中国・韓国からも受け入れ、パン屋開業支援を行なっています。なぜ私のところが選ばれるかというと、「お客様の立場に立ったパン屋開業支援」を行っているからです。

令和になっても変わらない。閉鎖的なパン業界！

「お客様の立場に立ったパン屋開業支援」のひとつが、「製パン技術のシステム化と共有」です。令和になった今でも、「製パン技術」を習得するには店舗に勤務して、10年ほどの時間が必要です。店舗に入る以外技術習得は無理ですし、本当の核心の部分は教えてもらえません。私が飲食店からパン屋に変わるときも、「お金を払うので教えてほしい」と言っても誰も教えてくれませんでした。ですから、ナショナルチェーンで培った仕組み作りを製パンに応用し、製パン技術をシステム化することで「教えてほしい人にきちんとした職人の技術を5日間・10日間で修得できるシステム」を作ったのです。

ほかの開業支援業者は、開業支援でお店をプロデュースする場合、1件につき2000万円ほど費用がかかるなど高額です。開業費用をなるべく低くして、店舗を運営する費用に充てた方がいいので、私のパン屋開業支援費用は製パン技術習得だけなら数十万しかかかりません。

あくまでも私に関わったお客様が幸せになること。そして成功することで私が教える「膨張剤を使わない無添加生地のパン」が全国各地に広がり、アレルギー者が少なくなったり、その地域・社会に貢献できればと思っているからです。

本書を手に取る方々が「自分のやりたいことを仕事にして、そのことで地域社会に貢献できる」そんなことができたら、人生は必ず楽しくなります!!

本書では、先ほど取り上げた「ナショナルチェーンの仕組みの応用での製パンシステムの構築」と同様、私の今までの「パン屋開業支援ノウハウ」をシステム化して、

「パン屋を開業するための今の時流の最新情報」

「パン屋開業するための準備のすべて」

「パン屋開業するために必要な知識」

を網羅して、パン屋を開業するためのすべての準備をこの一冊で理解することができるようにまとめています。

「自分のやりたいことを仕事にする」そのことで自分の人生を素晴らしいものにする!

自分のために、そしてオープン後のお客様のために、一歩を踏み出しましょう!

いつでも応援しています。

まえがき／2

1章　コロナ禍でも生き残るパン屋になるには

❶ 本当はどうだった？　コロナ過のパン屋の売上げ／12
❷ コロナで変わったパン屋の販売方法　通信販売・無人販売／17
❸ コロナで変わったロス対策兼売上げアップ／22
❹ コロナで生まれた社会貢献型パン屋／26
❺ コロナ禍でも生き残るパン屋とは／31

2章　小さなパン屋出店・夢実現の第一歩

❶ コンセプトって何？／36
❷ コンセプトを考える上での基礎的知識／41
❸ コンセプト設定の考え方／48
❹ 小さなお店の経営戦略とは／54
❺ USP（ユニークセリングプロポジション）を考えよう／59
❻ 想いをカタチにする！　理想のお店を書いてみよう（コンセプトシート記入）／66

3章　絶対外せない、物件探し！

❶ 物件探しはスラムダンク／72
❷ 立地選びの落とし穴と物件選考方法／77
❸ 誰でもできる競合店調査方法・レシート調査／84
❹ 『お客様満足の方程式』を使用した競合店調査方法／90

4章　開業資金はどうする？

❶ 開業資金はいくら必要か？／100
❷ 不動産（物件）取得費用／101
❸ パン専用機械購入費用／102
❹ 機械の購入方法／105
❺ 店舗デザイン（内外装・平面図）費用／107
❻ 開業費用・内外装費／113
❼ 備品・消耗品費その他にかかる費用／115
❽ 融資を成功させる創業計画書（事業計画書）の作成ポイント／116
❾ 借りずにもらえる！　開業資金の集め方。0円で開業する方法／118

5章　夢に日付を！　開業スケジュールを作ろう！

❶ 夢を現実にする！　開業時期の決定／122
❷ 開業まで180日　市場調査／127
❸ 開業まで160日　コンセプト設定／130
❹ 開業まで120日　店舗・内外装計画／136
❺ 開業まで80日　工事業者決定・発注・工事開始／140
❻ 開業まで60日　保健所・消防署事前確認など／148
❼ 開業まで30日　許認可申請・店舗計画修正・中間工事チェック／150
❽ 開業まで2週間　機械搬入・客席家具搬入・店舗設備完成・保健所検査・消防検査／151
❾ 開業まで1週間　各機械試運転・商品試作・什器搬入・店舗引き渡し、開店前チェック／153
❿ オープン前日・オープン日にするべきこと／158

6章　コンセプトと連動したオリジナル販売促進で売上げを上げる

❶ 販売促進とは需要を刺激すること／164
❷ 知らないうちに買っていた。身近にある販売促進による消費活動／166

❸ これだけはやっておきたい販売促進／170
❹ 「ニュースリリース」の書き方／186
❺ 一番の販売促進はコンセプトと連動した内部充実／190

7章 売上げを安定させ利益を出すためにオープン前後にすること

❶ オープン前レセプション・近隣挨拶で見込み客を獲得する／196
❷ オープン日プレゼントで地域住民の心をつかむ／200
❸ オープン日の売上げで年間売上げを予測し、販売計画を立てる／205
❹ 『パン作成リスト』で計画的な製造を行ない、「発注基準書」でチャンスロス・過発注ロスを防止しよう！／209
❺ 作業工程表で1日のスケジュールをマニュアル化し、労働生産性を上げよう！／215
❻ SNSを使いお客様との関係性を作りリピーターにする／221

8章 これだけは知っておきたい経営者としてするべきこと

❶ 店を運営するには3つの管理「売上管理・計数管理・営業管理」を理解する！／232
❷ 損益計算書を理解しよう／241
❸ パン屋経営はあなたの「人となり」経営理念を持とう／247

❹ 地域・社会貢献を考えよう／252
あとがき／261

カバーデザイン・中西啓一（Panix）
本文DTP・河岡 隆（(株)西崎印刷）

1章 コロナ禍でも生き残るパン屋になるには

❶ 本当はどうだった？　コロナ禍のパン屋の売上げ

こんにちは！　パン屋開業支援　石窯工房アグリの西島です。

２０２０年より始まった新型コロナ感染症。コロナ感染拡大により、私たちの生活様式は変わり、その影響は外食産業だけでなく、中食産業であるパン業界にも大きな影響を与えました。

気になるコロナ禍でのパン屋の売上げはどう変わったと思いますか？　変わったのか？　変わらなかったのか？

答えは、**「大半のパン屋の売上げは下がった」**のです。

「えっ、飲食店はわかるけれど、パン屋は影響ないと思っていた」という声もあると思います。

しかし、大型商業施設や駅中、オフィス街近隣等の「立地がよい」と言われていた場所のパン屋は売上げを落とし、閉店へ追い込まれています。

実際の例を挙げると、株式会社ベルベは１９７３年の創業、「ベルベ」の名称で神奈川県を中心に東京都、静岡県に計28店舗を展開していましたが倒産。

小田急電鉄の完全子会社だった株式会社北欧トーキョーは１９８８年に創業し、神奈川県から東京を中心に、小田急線沿いに「ＨＯＫＵＯ」39店舗を展開していましたが閉店しました。

コロナによる会社員のテレワークや、密を避ける生活習慣の変化により、それまで集客ができる「よい立地」は「悪い立地」に変わりました。

本来、お客様の集まる場所にお客様が集まらないことで、お客様のパイ自体が減るというコロナ以前では予想がつかなかったことが起こったのです。

しかし、その**コロナ禍でも逆に客数を増やしたお店**もあります。それが**「郊外型パン屋」**です。

コロナ以前では、大型商業施設・駅中・オフィス近隣等、売上ボリュームの多い「好立地のパン屋」と比べると、決して売上ボリュームがあったわけではなかった「郊外型パン屋」が、コロナ禍で売上げを伸ばしていきました。

「郊外型パン屋」の特徴は、

①　住宅街にある

②　地元の住民の信頼がある

③　車が停めやすく出入りもしやすい

さらに、

④　感染症対策として、電話注文や入店人数制限を行なって、スムーズに入店、短時間で購入して帰れるようにしました。

お客様から見れば、人口の密集する大型商業施設、交通機関のある駅中やオフィス街は、心理的にパンを購入するハードルが高いのに対して、郊外のパン屋は地域に根ざしたお店であることの安心感や、個人店が多いことで、個人店のフットワークの軽さでコロナ対策に素早く対応できたこと（入場規制や換気等の対策）が幸いし、心理的な購買のハードルは低く、入客アップ、売上増につながりました。

特に4番は、日本のみならずアメリカでもこのような形でのパンの購入が見受けられました（パンは世界中の人たちにとって日常食であり、生活の一部としての購買行動が万国共通であることがわかった）。

２０２０年に至っては、郊外型で出店した「高級食パン店」の売上げも伸びました（高級食パンブームは、２０２１年後半～２０２２年にかけてブームの終焉を迎えます）。「高級食パン」が受け入れられた理由は、もともとブランドとしての「贈答用として」の感覚が根づいていたことと、慢性的なコロナによる「コロナ疲れ」が起こり、「プチ贅沢」への欲求により購買意欲につながったからです（＊「高級食パンブーム」の終焉は初めからわかっていた）。

もともと食パン配合（レシピ）は、どこもそれほど変わることがなく、どこのお店も大差はありません。

普通の焼き立ての食パンと高級食パンの味の違いが、ほぼないことに消費者が気付いていました。とくに、有名ベーカリープロデューサーが開業支援する「奇抜なネーミングの食パン専門店」は、食パンのレベルが低く、まったく品質がよくなく、どんどん閉店していっています。

これをまとめると、

●コロナによって変わったことは

・「好立地パン屋」では集客ができなくなったこと
・好立地とは言えない「郊外型パン屋」が客数を伸ばしていること
・コロナ以前より、パン屋に求める「安全・安心」の欲求が高くなったこと

が挙げられます。

●コロナ禍でも売上げを伸ばす店の特徴

・地域に根ざしたパン屋で、お客様の信頼を得ている店
・お店のコンセプトが明確なパン屋
・店のこだわりがお客様に受け入れられているパン屋
・これらの3点が、安全安心につながっているパン屋

●コロナ禍で売上げを上げる方法

・自社チャンネルでの通信販売
・他社チャンネルでの通信販売
・閉店間際の、今までとは違った販売
・今までとは違った販売方法（冷凍販売）
・社会貢献を行なうことでの売上アップ
などです。

コロナ禍で売上げを上げるパン屋の共通点は、自分がお店でやりたいこと・商品がお客

様の信頼を得ていることです。

これは、コロナ以前においても同じことが言えます。

次の項目では、コロナ禍で売上げを上げていく方法を、より詳しく説明していきます。

❷ コロナで変わったパン屋の販売方法　通信販売・無人販売

コロナによる生活様式の変化により、それまで立地のよい場所で運営していたパン屋は売上げが下がりました。また、緊急事態宣言が出た都道府県は、より苦しい営業を強いられました。

私の店「ベッカライ長崎　長崎市立図書館前店」は近隣エリアに企業ビルが立ち並び、長崎市立図書館が目の前にある好立地で売上げが上がる店でした。

しかし、コロナ禍で売上げは激減しました。

メインの購買層である会社員が、コロナによりテレワークになり、出社する人口自体が減ってしまったことや緊急事態宣言、蔓延防止等の期間は、長崎市が運営する施設はすべて閉館してしまい、集客のメインのひとつである「図書館利用者」がゼロになってしまったからです。

【リニューアル！】stockルヴァンパンセット
¥3,240

コロナ過での売上げアップ成功例①通信販売
●パンストックさんの「通パン」（パンの通信販売）
https://stockonlineshop.com/

では、コロナで集客ができずに売上げが下がっていく中、生き残る店は何をやったのか？

成功事例をご説明します。

これは、福岡県にあるパン屋さんです。

福岡県産小麦粉を使用し、自家製酵母で高加水・長時間発酵製法を主として、特殊なパン専用オーブン、コンベクションオーブンをパンの材質・種類によって使い分けて焼いています。

オーナーのパンに対する真摯な姿勢がパンづくりに反映されていて、普通のお店とは一線を画したこだわりのある、おいしくておしゃれなパンが出されており、全国的にも有名です。

お店の雰囲気・スタッフの働く姿、お客様すべてにおいて、オーナーの「パンに対する愛情・想い」が浸透している店で、経営者の「人となり」が店舗に関わるすべての人に共感を生んでいる稀有な存在のお店です。

そんなストックさんがコロナ禍で行ない、今でも売上げの柱のひとつとなっているのが、「通パン」と呼ばれるパンの通信販売です。

コロナ前、コロナ禍・アフターコロナであっても、成功する店は、「お客様の信頼を得る営業ができる」店です。

日々の営業を通して、「お客様に満足していただき、お客様の支持を得る」ことが大切です。

パンストックさんは、「お客様においしいパンを食べていただきたい！」という一心で真心を込めたパンづくりを行ない、そのことをお客様が理解し、ファンになっていく――そんな好循環のお店です。

兵庫県で、アミューズメント事業などを展開する「株式会社アルプス」さんは、「生クリーム食パン」を冷凍自動販売機で販売し、順調に店舗数を伸ばしてきています。

自動販売機での販売を始めたきっかけは、「対面ではなく非対面でのパンの販売をしてほしい」というお客様からの声によって自動販売機での販売が始まったそうです。

コロナ過での売上げアップ成功例②パン専用自動販売機での無人販売
●生クリーム食パン専門店ふんわりの無人販売
https://funwari-shokupan.jp/#products

パンの販売方法は、対面販売、無人販売所、自動販売機と3通りありますが、アルプスさんの自動販売機は2020年12月にオープンの1号店から始まり、現在4店舗運営中です。この販売方法は本当に有効だと思います。

パン屋で一番のネックは、労働生産性の低さです。

オーナーが、自らパンを製造販売する小規模店舗だと確実に利益は残ります。

しかし、人を雇って製造販売する形態の場合、ある程度の売上見込みがないと、利益は残りにくいものです。損益分岐点が高くなるからです。

その損益分岐点を圧迫するひとつが人件費です。

自動販売機での販売の場合は、人件費が必要ありません。

自動販売機設置場所の家賃・電気代を6万円と

するなら、通常かかる販売人件費24万円（1日8時間×30日×時給1000円）の4分の1ですみます。

また通常のパン屋の営業時間8・9時間に比べて、24時間販売できるので販売時間が長い分、売上げも上がります。

長崎市の人口は人口流出ワースト1位です。若者がどんどん減っていく街は老人の比率が増えて過疎化します。買い物難民も増えていきます。

その中で、過疎化の進むエリアにパンの自動販売機があれば、買い物難民の方にも喜ばれるし、パンも売れます。また社会貢献にもつながる、という三方良しの商売です。

以上のような点も含めて、冷凍パンの自動販売機（又は無人販売）は全国各地で広まっていくでしょう。

冷凍パン以外でも、ロングライフパンを使用してオフィスや病院での常温パンの販売を強化する「株式会社コモ」さん等、コロナ禍で非対面販売方法としての自動販売機による販売により売上げを確保し伸ばしていってます。

お客様のニーズから生まれた自動販売機でのパンの販売は、今後、社会問題を解決する販売方法として注目です。

❸ コロナで変わったロス対策兼売上げアップ

私が、パン屋を始めて一番最初に直面した問題は、「ロス」でした。パン屋は品揃えが重要で、なるべく多くのパンを並べましたが、ピーク時を過ぎるとどうしてもパンが少なくなり追加でパンを焼くと、閉店時に残ってしまいました。

1店舗で閉店時、多い時は30個ほどのパンが残ってしまいます。

パン屋の先生からは、パンが余った時に、「定価より安く販売できる販売先」を確保しておき、閉店前に余ったパンを販売できるようにしたほうがよいと言われましたが、なかなかそんな会社は見つからず、閉店前タイムサービス等を行なったり、ミックスパンと呼ばれる再生パンを作ったりしていました。

今思うと、値引き販売や再生パン販売は絶対にしてはいけません。ブランドイメージが崩れるからです。食べられるパンなのに捨てないといけない（捨てるということは、「材料原価＝お金」を捨てていることと同じです）。

そんな「ロスを何とか減らしたい」という、パン屋さんの永遠の課題を解決する事例があります。

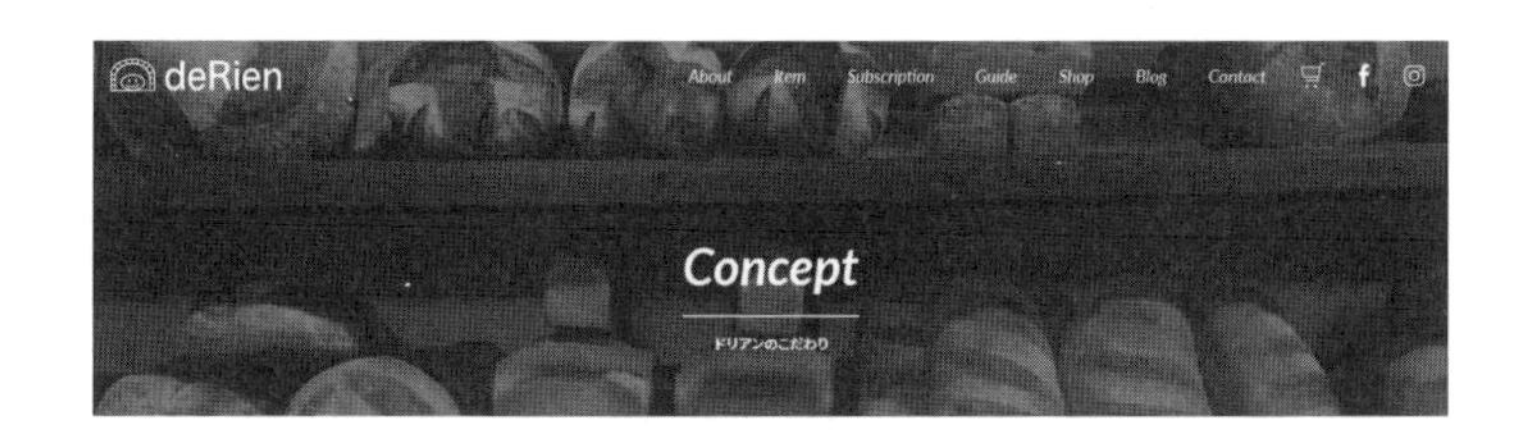

100年後のパン

今まで沢山の旅をしてきた。

17才でインドへ一人旅して、ナンを食べた。

大学生の時に行ったアメリカで、西洋のパン食を初めて経験した。

●ブーランジェリードリアン「食品ロスゼロの捨てないパン屋」
https://derien.jp/about/

『捨てないパン屋』（清流出版）の著者である田村陽至さんがオーナーの、広島市で3代続くパン屋さんです。28歳の時に家業を継ぎ、総菜パン、菓子パンなどを40種類手作りするお店で、残ったパンを廃棄していました。２０１２年、フランスやオーストラリアでパンづくりを修行し、帰国後売り方を一新。

当初は「カンパーニュ」と「ブロン」の２種類のみにし、小麦粉は北海道・十勝産の有機栽培小麦粉のみ厳選した材料を使用し、手間を省く代わりに材料にこだわったところ年商も変わらず、労働時間は削減でき、パンを捨てることもなくなったそうです。ホームページや書籍などを見ると、田村さんの人柄がはればれとしてすがすがしい気持ちになります。品数を減らし労働生産性をあげることは、品数が少なくても圧倒的な高品質が伴わないと成り立ちません。表には見えない努力を継続したからこそ、でき

●合同会社クアッガ・ロスパン予約販売通販サイト「リベイク」
https://rebake.me/

ることでありすばらしい商売です。

コロナ前から、「パン屋さんがパンを捨てること」はパン屋さんの悩みでした。

せっかく心を込めて作ったパンを捨てるのは悲しい……。本当にそう思っていました。

ただ、閉店前タイムセールをするとお店の品格が落ちてしまい、安い客層しか集まらなくなり、その結果、客単価が下がり売上げが減少するという悪循環になります。

「食べられるパンを捨てたくない！　売る方法があれば」とパン屋さんが思っているところに現われたのが「パンフォー○○」等のパンの通販会社です。

サブスクリプションブームに乗り、「サブスク」という文字を連想させるサービスにしているものの、一定期間で繰り返しサービスが受けられる本来のサブスクリプションとは異なり、普通のパンの定期販売便です。売れ残ったパンをどうするか困っているパン屋と提携して、冷凍状態で販売しています。消費者にとっては、「焼き立てのパン」といったイメージがありますが、実際はほとんどが「売れ残ったパン」を販売しています。売れ残りのパンを、パン屋さんから安い値段で買い叩き、仕入れ値の数倍の値段で消費者に売るという、私からすれば考えられない無茶苦茶なことをやっています。パン屋の弱みにつけ込んだ商売に思えてなりません。

そんな中、「フードロス対策として、パン屋でロスになるパンを販売しています」と正直に販売しているのが、合同会社クアッガさんの「リベイク」です。

リベイクさんのホームページを見ていただければわかりますが、「ロスパン」の表示がきちんとつけられていて、商品カテゴリーやおすすめセット等、たいへん見やすくて好感が持てます。

また、他の通販会社では見受けられない「アレルギー対応パン」も取り扱っているところがすばらしいです。本当にお客様のことを考えたラインナップです。

合同会社クアッガ　斉藤祐也代表のロス対策を通してみんなが幸せになり、世の中がよりよい方向に変わってほしいという考え方も共感できます。

コロナ以前でも、コロナ禍であっても、売上げを伸ばす会社は、やはり三方よしであるという好事例です。

❹ コロナで生まれた社会貢献型パン屋

コロナ対策予算の使途不明問題が、ツイッターのトレンドに上がってくるほど、私たち国民は苦しい思いをしています。裕福な人と貧しい人の格差が広がり、大半の国民が、長年のデフレにより苦しい思いをしている状態に加えて、コロナによる経済活動の縮小で、より生活は苦しくなっています。その中でも、私が気になるのは生活弱者と呼ばれる

・シングルマザー
・ホームレス
・生活保護の方々

です。

コロナによる非正規雇用者の解雇、雇止めで仕事を失い、明日食べる物がない方。

1日3食の食費を切り詰め、自分が食べずに子供に与えるシングルマザー。

私は、国がしないのなら「できることはやろう」と思い、年間3000個以上のパンをシングルマザーを支援する「ひとり親家庭長崎」や「ホームレスの会」「生活保護の方」

パンスクール開校

- 最短でパン屋開業したい人向け５日間開業パック
- 失敗しない為の小さなパン屋　開業マニュアル
- 小さなパン屋　開業支援フランチャイズ案内
- パン屋開業で必要な機械について
- メディア掲載情報

長崎カステラ作り体験

- 本場長崎カステラ焼き体験学習
- 就労支援
- 会社概要
- 特定取引に基づく表記

店長コーナー

- プロフィール
- 店主ブログ更新情報

グッジョブ！「こだわりパン職人」で放送されました！

NCC「Jチャンネル長崎」のコーナーで放送されました。（2021年1月28日）

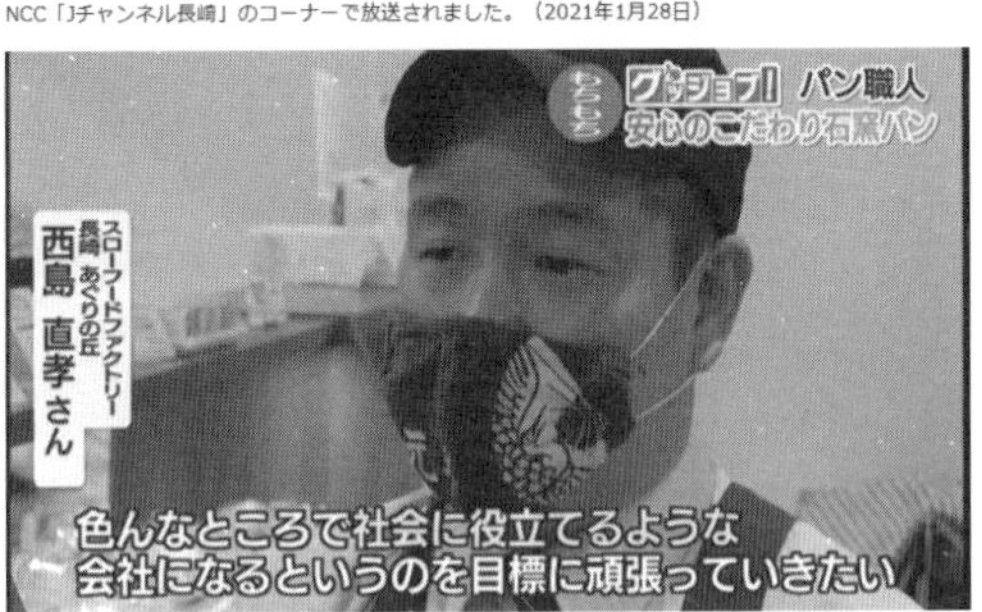

弊社シングルマザー支援・取り組み動画
https://youtu.be/MWCI0ChuLTo
社会貢献活動ユーチューブ

等に寄付を行ないました。

また、コロナによるイベント中止で出店の機会がなくなり、収入がなくなった雑貨のクリエイターに無料で出店スペースを提供し、イベントを開催。イベント売上げの一部をシングルマザーに寄付する取り組みを行ないました。

コロナ禍の中、考えることはみな同じで、支援活動は全国各地に及んで民間主導で行なわれました。

その中でも、社会貢献型パン屋としてがんばっているパン屋さんをご紹介します。

ＮＰＯ法人ビッグイシューさんは、料理研究家として高名な枝元なほみさんが共同代表をされている団体です。

提携しているパン屋さんから、営業終了

●ビッグイシュー「夜のパン屋さん」
https://www.facebook.com/

後ロスになるパンを購入し、それを夜に神楽坂のかもめブックス前にて販売しています。

もともとは、路上生活を送る人が街に立って、雑誌「ビッグイシュー」を販売し、その一部を収入とすることからスタートしましたが、どうしても雑誌の販売は男性がする仕事だったので、女性でも売りやすい物はないか？　と考えた時にパンを思いつき、夜のパン屋さんとして販売をスタートしました。

提携店舗からパンを回収し、それを販売するスタッフは路上生活を送る人であり、販売した一部を収入とすることで自立支援を行なっています。路上生活を送る人にも収入になり、パン屋さんにとってもロスの削減につながり、消費者にとってもお得な値段であり、三方よしで、しかも社会貢献になるビ

●神戸のベーカリー「ケルン」経済循環型販売システム「ツナグパン」
https://kobe-koln.jp/product

ジネスモデルです。今後、より多くのパン屋さんの参加で多くの人を笑顔にしていってもらいたいものです。

神戸の老舗ベーカリー「ケルン」は、食品廃棄ロスを削減する経済循環型のパンの新しい販売システム「ツナグパン」を行なっています。

売れ残ったパンを10～20個セットにして、製造翌日に「ツナグパン」として販売。購入者には、ケルン全店で使える木製の「エシカルコイン」（100円相当）をプレゼントし、それと同時に、兵庫県下福祉施設などを介して同額の「エシカルコイン」を支援対象者に寄付しています。ツナグパン購入者は、「ツナグパン」を購入するだけで、フードロスの削減に貢献し、福祉施設の支援対象者に間接的にを寄付することになります。この「ツナグパン」の販売開始以降、フードロスを11%から2%へと激減を達成し、この試みは地元でも話題を呼び、新規客数は概算で15%も増えたそうです。

「ツナグパン」のよいところは、10個~20個の「セット売り」にしているところです。1セット1500円で販売しているので、単品で売るよりも売る手間が省けることと、本来捨てる物をセットにすることで高単価で販売でき、高単価であるがゆえに、お店が負担する「エシカルコイン」200円分（お客様・福祉施設寄付分）を販売促進費用としても吸収できることです。

○お店にとっては、
・ロスが削減できる
・新規のお客様が獲得できる
・「エシカルコイン」を使用することでリピーターになる。
○お客様にとっては、
・通常よりも安く購入でき、100円分の「エシカルコイン」がもらえて次回割引で購入できる。

○社会的にも、
・福祉施設へ「エシカルコイン」を通じて寄付を行なう。
（しかも、「エシカルコイン」を使ってお店を利用してもらえる）

最初、この取り組みをニュースで見たときは、「エシカルコイン」を作るのに手間がかかるのに大丈夫かな〜と思っていましたが、この取り組みを理解すればするほど、すばらしい取り組みだと思います。

私がやっていた寄付活動は、どうしてもパン屋が負担することになります。

しかし、この「ツナグパン」の取り組みは「パン屋も利益を上げながら販売促進にもつながる」死角なしの社会活動であり、すばらしい取り組みです。

❺ コロナ禍でも生き残るパン屋とは

ここで、今までのおさらいをしたいと思います。
●コロナ禍で立地のよかった場所に出店していたパン屋は売上げが下がった。
●逆に、郊外型の立地のパン屋は売上げが上がったところが多い。
●コロナの中でも、売上げを伸ばしている店はある。

パン屋開業支援風景（石窯工房あぐり・製パン技術研修）

その方法は、
・通信販売
・無人販売・自動販売機での販売
・品質のクオリティを上げて、お客様に認められるパンにする
・ロス対策での委託通信販売
・社会貢献をすることでの企業イメージアップによる集客アップ
などが挙げられます。

本章でご紹介した店の根底にある原則は、「会社の方針、行動がお客様に受け入れられている」ということです。

作り手だけの自己満足ではなく、買い手であるお客様からきちんと評価され、認められる力があるということが、どのお店でも共通点でした。

ここに取り上げたお店は、繁盛店のほんの一部でしかありません。

しかし、どのお店も「自分のお店はこれを大切にしている」というコンセプトが明確だったことにはお気づきでしょうか？

そうです。コロナでも生き残る手法として右記が成功事例です。

しかし、根本となる「コンセプト」が明確で、そのコンセプトがお客様に受け入れられるものであること。そのコンセプトを、日々の営業状態としてお客様にご提供し、お客様の評価を得ることができる店が本当の繁盛店であり、コロナ禍であっても売上げを伸ばしていける「生き残れるパン屋」なのです。

2章　小さなパン屋出店・夢実現の第一歩

❶ コンセプトって何？

1章で取り上げたお店はコロナ前・コロナ禍・アフターコロナでも対応できるコンセプトを持ち、お客様からの信頼を勝ち取ったお店です。

お客様から受け入れていただけるコンセプトをしっかり決めることが大切です。

これから、コンセプトについて説明します。

コンセプトとは、概念という意味です。

簡単に言うと、お店を作る時に「何のために」、「どんな」お店を作るのか、という方向性を示す基本方針です。

「パン屋さんを作ってみたい！」そう思っている人にコンセプトを聞いてみると、コンセプトが固まっていないことがよくあります。「パン屋を作りたい想い」はあっても、それをきちんと固めていないということは、自分のやろうとするお店の方向性が決まっていないということです。

コンセプトはお店づくりで最も重要なベースとなるもので、コンセプトがしっかりしていなければパン屋は成功しません。

自分の理想とする、やってみたいパン屋さんは、

・どんな商品を提供したいか
・どんなサービスを提供したいのか
・どんな雰囲気のお店にしたいか
・どんなお客様に来ていただきたいのか
・どれぐらいの客単価で提供したいのか
・どんな場所でお店を出したいのか

をしっかりと決めなければいけません。そして、個人店の小規模パン屋さんには高次元で敷居が高いと思う方もいらっしゃるかもしれませんが、企業理念も決めたほうがいいです。

企業理念（経営理念）とは、企業（事業）の根本となる考え方です。後の章で触れますが、企業理念とは「自分が何を目指し、どういった考え方で商売をするか。そしてそのことで社会に対し、どのような意義があるか」という存在価値の定義とも言えます。

難しい話になってしまいましたが簡単に言うと、お店を作った時「大切なお客様に（地域社会に）私だったらこうしてあげたいな～」と思うことをまとめたものと同じです。企業理念があるからこそ、コンセプトがより意味のあるものとなり具体的な方向性が決まっ

てきます。

また、一見堅い企業理念を、イメージしやすくやわらかい表現で簡単にしたものとしてよく使用されるのが「スローガン」です。

「小さな店であることを恥じることはないよ。
その小さなあなたのお店に
人の心の美しさを一杯にみたそうよ」
～岡田徹「岡田徹詩集」より

私が働いていた「びっくりドンキー（株式会社アレフ）」が全国展開する全店舗で掲げられたスローガンです。「お店の大小を恥じることはしなくていいですよ、お店の規模に関係なく、あなたのお客様を思いやる気持ち・心の美しさが溢れるお店にしましょう」という意味で、この言葉を思い出すたびに、心が温かくなります。事業者がどういう想いでお店をやりたいのかを簡単に理解することができます。このスローガンもコンセプトの一種です。

本当にコンセプトは重要です。

コンセプトは営業計画の根幹となるもので、お客様の満足度を測る

Q（クオリティ：品質）

S（サービス：接客）

C（クリンリネス：磨き上げられた美しさ）

A（アトモスフェアー：雰囲気）

P（プライス：価格）

と連動し、「商品力」「サービス力」「集客力」「ターゲット客層」「内外装デザイン」「立地」などの決定を行ない、ダイレクトに売上げに影響を与えます。

コンセプトがしっかりしていないと、何をしたいお店であるのかがわからず、統一性がなくバランスの悪い、お客様から見て「特色のない、どこにでもある店舗」になりますので、お客様からの評価は低いお店となり、リピーターはつかず、失敗します。

経営理念・スローガン・コンセプトをしっかりと決めることことが、パン屋成功の第一歩です。

こう話すと、とても堅苦しくなってしまう印象ですが、単純に自分のやりたいお店はどういうお店なのかをまとめ、「こんなお店にしたい！」その思いを自由に書いていきましょう。

県ビジネスプランコンテスト

西島さん最優秀

長崎の歴史を学び カステラ焼き体験

県主催のビジネスプランコンテストの最優秀賞に、長崎市のパン製造販売「スローフードファクトリー長崎あぐりの丘」オーナー、西島直幸さん(45)の「歴史を学ぶ 観光名所をつなぐ長崎歴史体験型カステラ焼き体験事業」が選ばれた。

創業促進のため2012年度から毎年開催し、新規性や実現可能性などを審査する。県内に拠点を置く個人や法人を対象に、16年4月1日以降に開始または19年3月末までに開始予定のプランを募集した。本年度は13件の応募があり、9件が受賞した。

長崎市内でパン屋「石窯工房AGRI」を4店舗展開している西島さんは、観光客向けのカステラ焼き体験を始めた。カステラの歴史や長崎の食文化も説明。国指定史跡「出島和蘭商館跡」など観光施設との相乗効果を期待できる点が評価された。

県庁で28日、表彰式があり、受賞者は表彰状と目録を受け取った。西島さんは「リピーターを増やし観光活性化に貢献したい」と話した。（大田裕）

ほかの主な受賞者は次の通り。（敬称略）

▽優秀賞＝渕上桂樹（雲仙市）「『顔の見える野菜』究極のカタチで農業をエンターテイメントに－農家BAR NaYa開業計画」▽奨励賞＝市来勇人（同市）「『旅館島原半島』～大好きな田舎を自慢する～」▽十八銀行賞＝中尾季沙（佐世保市）「All English アフタースクール」▽親和銀行賞＝田川由紀（長崎市）「版画家 田川憲を通して古き良き長崎を再発見」▽西海みずき信用組合賞＝原崎芳加（佐世保市）「Harvest－スマホで手軽に農業体験－」

あなたのその「ワクワクした気持ち」が一番の原動力です。自分の理想のお店ができたときの喜びはなにものにも換えられません。「思いを形にする」初めの一歩をがんばりましょう！

私は、長崎の観光客に「カステラ焼き体験」を行ない、長崎の歴史背景、出島とシュガーロードの関係を説明し、観光客の集客・リピート化で観光人口アップをコンセプトのひとつとし、長崎県内企業の中でNO1の最優秀賞を受賞しました。

コンセプトは、自分がやりたいことも大切ですがお客様のニーズに合うこと、そしてそれが、社会に対し

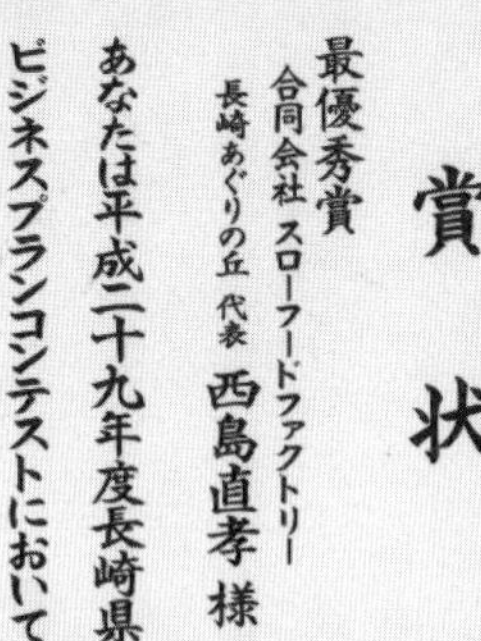
賞状

最優秀賞
合同会社 スローフードファクトリー
長崎あぐりの丘 代表 西島直孝 様

あなたは平成二十九年度長崎県
ビジネスプランコンテストにおいて
頭書の成績を収められました
よってこれを賞します

平成三十年三月二十八日

長崎県知事 中村 法道

長崎県

て貢献できる物であればよりよいものとなるでしょう。

❷コンセプトを考える上での基礎的知識

それでは、コンセプトを考える上で基礎となることを述べていきます。

参考までに外食産業の歴史から。

●外食産業の歴史

それまで水商売と言われてきた飲食業界に、１９７０年代にマクドナルド等のナショナルチェーンが参入し、計数管理・人材育成管理等のマニュアルが導入され、システム化された「外食産業」ができ上がりました。

1990年代、全国均一な価格とサービスを提供するナショナルチェーンと「和食」「洋食」「中華」などの専門店がしのぎを削る中、「イタリアン」「アジア」「多国籍料理」など、さまざまなジャンルの「専門店」が生まれ、バラエティ豊かな飲食業界となります。

ミシュランの掲載店やテレビで取り上げられる有名店、オーナーシェフが自分の裁量で立ち上げる「専門店をベースとしたニュージャンル」の個性豊かなお店が2000年以降頭角を現わし、淘汰をくり返しながら現在のさまざまな飲食店が乱立する飲食業界ができ上がりました。

それでは、パンの歴史を少しご説明します。

●パンの歴史

パンの歴史は古く、日本で最初のパン屋は江戸時代（1640年代）長崎出島の「オランダ商館」に納品するために、長崎市の樺島町に江戸幕府認定のパン屋ができたのが始まりです。

その後、江戸時代から明治にかけて5港が開港し、その港町にある居留地において、外国人の指導の元、パン文化が芽生えて有名になるのが横浜・神戸エリアです。

明治・大正・昭和と時代が変わる中、居留地の老舗ベーカリーとは別に、パン業界でもナショナルチェーンが台頭してきます。

●パン屋のナショナルチェーン

テレビCMでおなじみの「山崎パン」「リョーユーパン」「フランソア」「フジパン」などです。全国の小売店・スーパーマーケットやコンビニエンスストア、さまざまな販売チャンネルを持ち、「工場パン」と呼ばれる添加物が入った日持ちのするパンを大量に工場で作っています。そして、このナショナルチェーンは自前で「パン屋」を作り展開しています。

そこで生まれたのが「ベイクオフ」システムです。

●「ベイクオフベーカリー」

「ベイクオフ」システムとは、大量生産できるナショナルチェーンの工場で生地をミキシング・成形まで行ない冷凍し、各店舗に配送。店舗にて解凍・発酵・焼成を行なうシステムで、このシステムのパン屋を「ベイクオフベーカリー」と呼びます。

●「スクラッチベーカリー」

「ベイクオフ」に対して、各店舗で「粉」からミキシング・成形・発酵・焼成などを行ない、手作りするシステムを「スクラッチ」と言い、このシステムのパン屋を「スクラッチベーカリー」と呼びます。

●老舗の雰囲気があるチェーン店

前述したナショナルチェーンとは別に、老舗の風格を残したままチェーン店化したお店もあります。

「ドンク」「アンデルセン」「ポンパドウル」です。

●新たなチェーン店

新たにチェーン展開を広げているお店でスタイリッシュなのが、「メゾンカイザー」です。

また大手外食産業の関連会社がパン業態で展開を進める「アール　ベイカー」もスタイリッシュです。

●パン屋の専門店の台頭

今まで書いてきたお店は、パンの種類がバラエティブレッドのお店であり、食パン・菓子パン・フランスパン・調理パンなど、さまざまな種類のパンをお出しするお店です。これに対して、ひとつのアイテムに絞り、差別化を図りながらも生産性を向上させることが可能なのが専門店です。

「食パン専門店」「クロワッサン専門店」「コッペパン専門店」「サンドイッチ専門店」「ラスク専門店」「フレンチトースト専門店」他、さまざまな専門店があります。

●パン戦国時代へ

飲食業界とまったく同じようにナショナルチェーンや専門店が生まれ、そしてオーナーシェフの個性が光るパン屋の有名店が生まれ注目されはじめました。

「365日」や「パンストック」、そして飲食業界とパン業界を掛け合わせた「アマムダコタン」他です。

●基礎知識のまとめ

☆パンの製法は「ベイクオフ」という方法があり、大手ナショナルチェーンとフランチャイズ契約を結び、簡単にパンを作る方法がある。

☆パンの製法は「スクラッチ」という方法もあり、自分で粉から手作りする方法がある（この他にも、焼成後の冷凍したパンを仕入れ、解凍販売する方法もある）。

☆パンの出し方は「バラエティブレッド」（いろいろなパンを出すお店）と「専門店」（一種類に特化し差別化を図ったお店）がある。

■自分がやりたいお店をイメージする

さて、コンセプト設定のための基礎知識としてパン屋にもさまざまな形態があることを大まかに説明してきました。次の項目では、「コンセプト設定の考え方」について説明していきます。

☆弊社コンセプト例　日本最古の商業パン「出島パン」

日本で最初のパン屋は、江戸時代（１６４０年代）長崎出島の「オランダ商館」に納品するために長崎市の樺島町に江戸幕府認定のパン屋ができたのが始まりです。

弊社のコンセプト例　日本最初の商業パン「出島パン」

出島パン取材動画
https://youtu.be/FdsrSSGIRdY

日本で最初に食べられていたパンを「出島パン」と名付け、長崎の郷土史家故越中哲也先生と3年かけて研究開発した思い出のパンです。コンセプトが尖っていればメディアも殺到します。

前川清さんの冠番組「旅好き」やＮＨＫの番組「パン旅」で木南晴夏さんがＨＫＴ48の森保まどかさんと共演し、出島パンと長崎の歴史をお伝えしました。

発酵種は江戸時代から残っている作成方法「酵母菌を甘酒で代用」して作っている、独特の風味でありながら少し懐かしくもある変わったパンです。コンセプトが尖っていればメディア取材が殺到します。

❸ コンセプト設定の考え方

この項目では、コンセプト設定の考え方について説明していきます。

前述したように、コンセプトは簡単に言うと、お店を作る時に「何のために」「どんな」お店を作るのかという方向性を示す基本方針です。

今この本を読んでいる方は、「自分でお店を持ちたい！」と思っている方だと思います。

自分のやりたいお店はどんなお店ですか？

・いろいろな種類のパンを出せるお店
・各種パン専門店
・ベーカリーカフェ
・カフェメインでベーカリーをサブにするカフェ
・料理メインでベーカリーをサブにする洋食店
・キッチンカーでのイベント販売専門店
・インターネット販売専門店……etc

自分が今まで利用したパン屋で、「こんなパン屋さんいいな！」と思ったことや外食のレストラン、カフェ、いろいろなところで過去に経験した「こんなお店をやりたい」等、お店に対するイメージをまずは整理していきましょう。

また、もともと飲食・フードビジネス関連で勤務している方は、その職歴をバックボーンとして新しいパン作りに生かすことができ、そのパン設定がコンセプト設定につながることもあります（コンセプト設定とパン設定は連動する）。

・飲食店シェフ➡手作りで調理パン用のフィリング（具材）を作成できるので、バーガー・サンドイッチ・コッペパン等フィリングのクオリティの高さをアピールしたパンを出すお店。

・パティシエ⬇手作りで菓子パン用のフィリングを作成できるので、クロワッサン・デニッシュ系菓子パン・クオリティの高い焼き菓子作りをメインとするお店（オリジナルクッキー・タルト・カヌレ等）

・栄養士の方⬇カロリー計算や健康志向の専門性を活かし、糖質制限の低カロリーパンやたんぱく質配合のプロテインパンなど機能性食品・ヘルシーさを特徴とするお店。

・また特殊な例では、アレルギーの方⇒ご自身の食物アレルギーの経験からノングルテン28品目アレルギー対応の安全なパンを出すお店。

その他、異業種からパン屋に参入する場合、通常のパン屋と違った視点でのモノの見方ができるので、センスのあるスタイリッシュなお店ができる場合があります。

今までの自分の職歴を一度棚卸ししてみて、活かせるものは何でも活かしてコンセプトに組み込んでいきましょう。

周りを見渡してみて、私たちが一番身近で接しているパンは、スーパーマーケットやコンビニエンスストアで販売される「工場パン」と呼ばれるパンです。

「工場パン」は、ナショナルチェーンのパン工場で作られ、全国のあらゆる販売所で販売されています。

ナショナルチェーンは「パンを日常食にするため」に多くの努力を行なってきました。

毎日のように流れるパンの全国ＣＭ。ナショナルチェーンにより、「パン文化」が定着していったのは事実です。

また、ナショナルチェーンは工場で作るパン以外に「パン屋」として単体店舗を構えています。前述したベイクオフやスクラッチのお店、両方を併せた店舗もあります。その単体店舗も、ナショナルチェーンによって少し特徴が違います。

全体的にどのナショナルチェーンも「バラエティブレッド」を出すことは同じですが、菓子パン・調理パン・フランスパン全体的にバランスがよく感じられるのが業界大手の「アンデルセン」や「ポンパドウル」です。

バラエティブレッド＋フランスパンに力を入れているのが「ドンク」。

それをよりスタイリッシュにしていったのが、「メゾンカイザー」のように思います。

上記のナショナルチェーンと比べて、全体的にレベルが落ち大衆食に近いのが、リョーユー、ヤマザキパン、フランソア、フジパンです。

リョーユーにいたっては、以前は不採算店舗を１００円パンのお店としてオープンさせる店舗戦略をとっていましたが、小麦粉の値上げなどによって採算が取れず、１００円パンから普通の値段に変更しています。

リョーユーもですが、ヤマザキパン、フランソア、フジパンも商品レベルが低く、単独

パン製造販売「石窯工房アグリ」（長崎市）

安心して食べて

米粉100％パン開発

アレルギー対応と防災備蓄を両立

東急ハンズも取り扱いへ

長期保存を可能にした米粉パンを手にする西島オーナー＝長崎市築町、石窯工房アグリメルカ築町店

防災意識の高まりを受け、長崎市のパン製造販売「石窯工房アグリ」（西島直孝オーナー）は米粉100％の「アレルギー対応防災備蓄パン」を開発した。生活雑貨大手の東急ハンズ（東京）での取り扱いが決まるなど、関心が高まっている。

パンは卵・牛乳・小麦といったアレルギー物質に対応。レトルトパックで1年間保存でき、温めて食べられるように発熱材をセットにした。アレルギー患者の支援活動に取り組む「NPO法人アトピッ子地球の子ネットワーク」（同）の赤城智美事務局長は「缶詰の米粉パンはあったが、長持ちし、温められるものは聞いたことがない。災害時に食事の選択肢が増えるのはありがたい」と歓迎する。

同社は東日本大震災のときにアレルギー対応の食料が不足したことを知り、開発に着手。すでに完成させていたアレルギー対応の米粉パンを基に、長崎女子短期大や県工業技術センターなどの協力を得て保存法を研究。約千回の試作を繰り返した。

東日本大震災以降、大手食品会社が長期保存商品の販売を強化するなど、非常食・防災食市場は拡大を続ける。民間調査会社、富士経済（同）によると、市場規模は震災前の2010年の98億5千万円から、20年には250億円規模まで拡大すると予測されている。

取り組みは、農業振興につながる可能性もある。使っている米粉は雲仙市千々石町の若手農業者らでつくる農業研究会が福岡県の製粉業者に委託して製造。同会で米粉普及に努める荒木政勝さん(31)は「米粉用米の増産にもある程度対応できる。周辺のコメ農家に声を掛け、地域活性化につなげたい」と期待する。

防災備蓄パンは1月下旬から「アグリ」の長崎市内3店舗とインターネットショップ、東急ハンズで販売予定。西島オーナーは「アレルギーの方を助けたい思いで作った。南海トラフ巨大地震が予測される地域など防災意識は高まっており、全国の自治体や企業からの需要はある」と読む。15年度の売り上げは約4700万円（5万個）を見込み、翌年度に倍増させたい考えだ。

（熊本陽平）

出店というより商業施設やスーパー等集客が見込める場所への出店がほとんどです。

スクラッチ（粉から手作り）方式と冷凍生地を仕入れて焼き上げる「ベイクオフ」の組み合わせで商品価値が出しづらい業態であり、大型商業施設の中にある店舗は売れていますが、もともと集客力が一定数しか見込め

アレルギー対応世界初アレルギー対応防災備蓄パン開発関連
取材動画 https://youtu.be/IfKuCsR0hJUC

ないスーパーでは苦戦しています。

　そこで現われてくるのが個人のパン屋です。

　大手のシステムにとらわれない自由な発想と小回りの効いた営業力で、そのお店にしかないものを生み出し、お客様を掴んでいます。

　もちろん個人のパン屋は、スクラッチの手作り・焼きたての安全性が最大の売りです。

　前述したパン業界全体の流れの中で、自分のお店の強みを生かせるポジショニングをどこに設定するのか？　をきちんと整理し、コンセプト設定していきましょう。

　このコンセプト設定は経営戦略にも関わってきます。そして経営戦略のひとつに差別化が挙げられます。次項目では、小さなお店の経営戦略である「差別化」について説明していきます。

❹ 小さなお店の経営戦略とは

小さなパン屋が、大手と同じ経営戦略を取っていては対抗できません。小さなお店がとる戦略として「差別化」があります。

差別化戦略とは、マイケル・ポーターによって提唱された競争戦略のうちのひとつで、特定商品における市場を同質とみなし、競合他社の商品と比較して機能やサービス面において差異を設けることで、競争上の優位性を得ようとするものです。（ウィキペディアより引用）

大手ナショナルチェーンのパン屋と同じ商品を販売しても負けるのは当然です。

圧倒的シェアを持つ大手パン企業、山崎、フジパン、リョーユーパン、フランソアなどは、「工場パン」と呼ばれる工場で作る大量生産式のパンを代理店販売することで大量販売方式を成り立たせています。代理店はスーパーやコンビニエンスストア・個人商店・100円均一ショップなど、全国ありとあらゆるところへ販売チャンネルを持っており、これから開業するパン屋が出店するエリアに、必ず競合店として立ちふさがります。

私の運営していた4つのパン屋の200m以内にも、やはりコンビニエンスストアが存在していました。コンビニエンスストアの利点はまさしく便利なことです。

パン・弁当等の飲食物はもちろん、日用雑貨等生活に必要な最低限の物が在庫にあり、「ワンストップ」で買い物を済ませることができます。では、利便性で勝るコンビニエンスストアに負けたかというと、私のお店は決して「負けなかった」です。なぜかといえば、戦略として「エリアの選択」をし「差別化戦略」を意図的に行なっていたからです。

「エリアの選定」で言うと、私のお店は人口約40万人の長崎市中心部（街中）にあり、長崎市役所前店・長崎市立図書館前店・メルカ築町店・元船店4店舗の距離を2キロ圏内に設定したドミナント出店を行なうことで作業効率を上げ、集中した販売促進・認知度アップを達成しました。

また、「お客様が食べて健康になれて笑顔になれるパン作り」をコンセプトにすることで、「膨張剤を入れない無添加生地」にこだわり、コンビニエンスストアとの差別化を図りました。

みなさんも周知のことですが、大手ナショナルチェーンの工場で作られる「工場パン」と呼ばれるパン（コンビニエンスストアやスーパー等量販店に並んでいるパン）はもちろん、大手の運営する「ベイクオフ」「スクラッチ」タイプの独立したお店のパンであっても、人間の体に有害な「膨張剤」が使われています。

パン業界で日常的に使われている品質安定剤・発酵促進剤「イーストフード」（＝膨張剤）。これは国が設定する基準以下でなら使用が認められていますが、実際ラット実験などで「体に有害である」ということが実証されています。

私は、もともと飲食店をやっていて、添加物を使わない手作りの料理をお出ししていました。

ブイヨンも鶏ガラから取り、そのブイヨンからデミグラスソースや各種ソースなども作り、食材産地も「地産」にこだわり、お客様の「食の安全」を守るスローフードの飲食店でした。なるべく添加物を使用しない料理を作ることは、お客様に「食」を提供するうえで当然のことだと思っていました。

そんな私が、その後「飲食店」から「パン屋」に業態を変えるときに一番驚いたことは、どのパン屋も、そして業界全体が「膨張剤」を使用していることです。

私の持つ「パン屋」のイメージは、「いつも清潔で明るく焼き立ての安全なパンをお出しする店」でした。

しかし実際は「発がん性物質」として問題視される「イーストフード（膨張剤）」が平気で使われている「体に決してよくないパンが日常的に作られ売られている」パン業界だっ

たのです。

そこで、まずとりかかったことは「膨張剤を入れないパン作りのためのレシピ作り及び製造工程の見直し」でした。膨張剤を入れれば簡単にパンがふくらみ発酵時間も少なくてすみます。品質・大きさ・形も安定します。しかし、膨張剤を入れないパン作りは発酵力に欠け、その時の酵母の状態で品質・大きさ・形は変わります。低温熟成発酵で生地の風味を上げながら発酵力を引き出す等「手間」がかかります。「手間がかかっても、お客様の安全を守りたい」「損得よりも善悪が先」そう思い、創業時から実施してきた「イーストフード（膨張剤）を入れないパン作り」は差別化となり、「安全で安心して食べられるおいしいパン屋さん」というブランドイメージをお客様に持っていただくことができました。

また当然のことですが、流通経路に乗り、消費期限の長い工場パンは1日数回の配送で納品が行なわれており、鮮度に欠けます。それに対して、個人のパン屋さんは毎日出来立てをお出しできることも差別化となるし、手作りで作れる量が限られていることも「いつも売り切れる人気店」という認識につながることで、逆にパンの価値を高めることができ、差別化につながります。

個人の小さなパン屋さんであっても、大手の大量生産・大量消費戦略に負けないことを

福岡産小麦粉使用・無添加・自家製酵母長時間発酵パン

私は自らのお店を運営することで経験しました。

だからこそ、今から自分のベーカリーを立ち上げる方には「差別化戦略」を取り入れた「店舗コンセプトの設定」をまず行ない、競合に勝つお店作りを行なっていくことが店舗を成功させる上で大切になってきます。

膨張剤を一切使用しない安全な商品をお出しすることで、パンを食べたお客様が、「健康で笑顔になっていただける接客・パン作り」が店舗スローガン・コンセプトです。

⑤ USP（ユニークセリングプロポジション）を考えよう

前項で説明したようにコンセプト設定における差別化戦略をとり、競合店に勝つお店作り行なう上で参考になる考え方に、USP（ユニークセリングプロポジション＝競合優位性）があります。その意味は、「商品やサービスが持っている独自の強み」を意味するマーケティング用語です。USPは、まさしく差別化をすることで競合に勝つ要素になります。

例を挙げていきます。

●手作りバッグ

たとえば、自分で手作りバッグを作ってインターネットで販売しているAさんがいます。しかし大手でもバッグは販売しているし、手作りのバッグを作っている人は何万人もいます。通常手作りバッグは、売れても2000円ぐらいにしかなりませんが、Aさんの手作りバッグは3倍以上の値段の7000円で売れます。

それはなぜでしょう⁉

同じような手作りバッグなのに、Aさんの商品は7000円で売れて、通常の手作りバッグは2000円でしか売れないのか？

その答えは、まさしくUSPによる差別化にあります。

AさんはUSP（競合優位性）による差別化を行なった結果、競合に勝つことができました。そのUSPとは、手作りバッグを「有名大学の付属小学校の面接試験用のバッグ」として売ることでした。

有名大学の付属小学校での面接試験では、親や子供の身に着けている物や持ち物も評価の対象になるので、「手作りのバッグ」を身につけていると、「子供のために手作りでバッグを作っているしっかりとした親だ」という高評価につながるそうです。そのため、「お受験バッグ」として販売した所、注文が殺到し、高値で売れるようになりました。

競合がいても、その商品の特性を差別化としてアピールして成功した事例です。

●マリッジリング（結婚指輪）

ネット検索でマリッジリングと検索すると、300種類以上のリングがヒットし、製造販売社も多数存在します。通常のマリッジリングを売っていては競合に負けてしまいます。そんなレッドオーシャンのマリッジリング販売競争の中、確実に一定数の売上げを確保するマリッジリングのブルーオーシャンカテゴリーがあります。

同じマリッジリングを売るにしても、USPを持たせるにはどのような売り方をしたのでしょうか？

答えは、「金属アレルギー対応」のマリッジリングとして販売する方法で差別化を行ないました。

指につけたマリッジリングが汗などに反応し溶け出しイオン化。イオン化した金属が体内に入りアレルギーを引き起こします。金属アレルギー対応のマリッジリングの素材は「タンタル」「チタン」等の「レアメタル」でイオン化しにくい素材となります。

この「金属アレルギー者対応マリッジリング」はアレルギー者にターゲットを絞り、素材を変え、新たなマーケットを作り上げたのがポイントです。

すばらしい着眼点だと思います。

●長崎バイオパーク「green」

長崎県西海市にある動物園のお土産品のブランディングはすばらしいです。

動物園のある西海市の地産食材を使用し（地産）、動物をあしらったクッキーや、ヒョウ柄のロールケーキ（デザイン）は目で見て楽しめます。そして、味はもちろんおいしいのですが、糖質量がご飯茶碗の5分の1杯分まで減らされた「機能性食品」であること。

☆観光名所を生かしたＵＳＰ☆
●長崎バイオパークオリジナルフードブランド「green ＋」
http://www.biopark.co.jp/

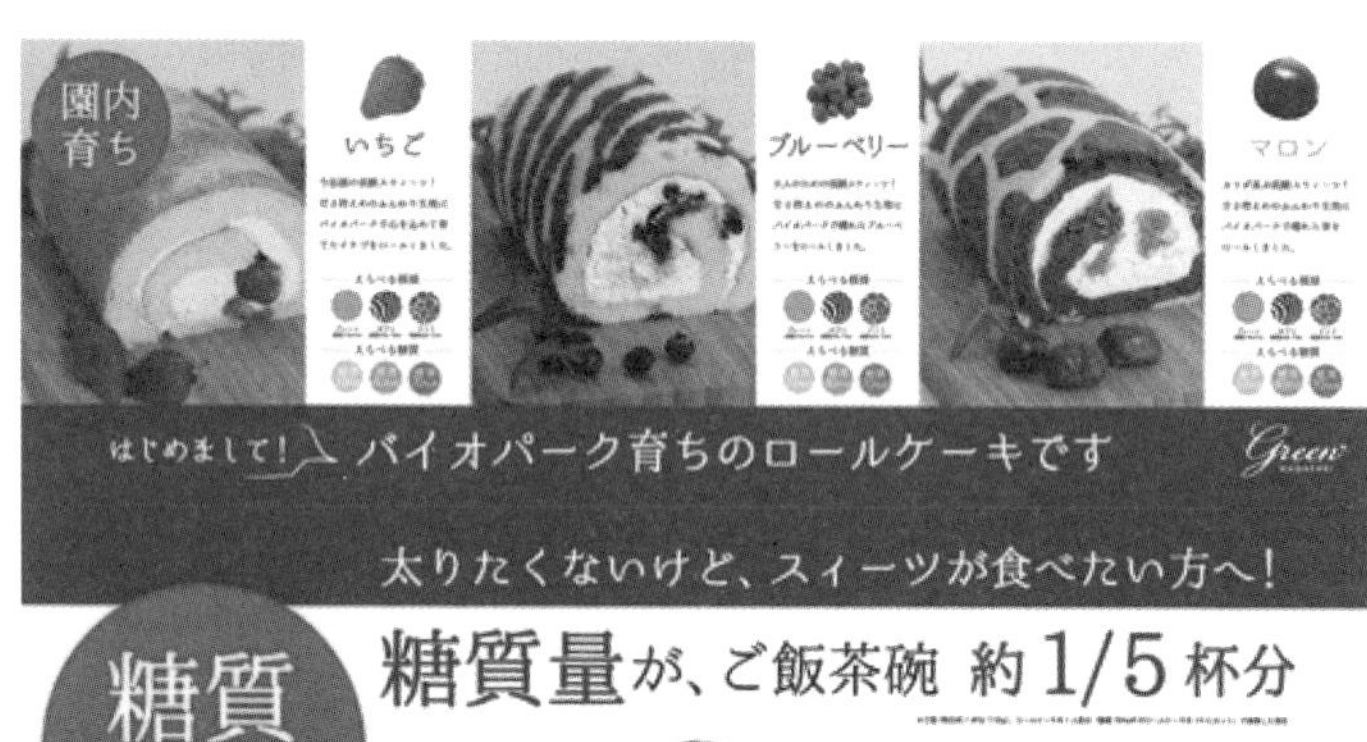

多方面からＵＳＰ設定がされ、差別化されたgreen＋ブランドは、立ち上げ時 前年比４００％以上という数字を叩き出した好事例です（現在は販売を休止しています）。

☆観光名所を生かしたＵＳＰ☆
●長崎ペンギン水族館横「トロワエキャトル」ペンギンムース
https://cake3et4.com/

昭和34年の旧長崎水族館開館から、長崎ペンギン水族館に形を変え、日本のみならず世界的にも有名なペンギン飼育の実績を持つ水族館。

その近隣にあるケーキ屋さんが「トロワエキャトル」です。お店の外観カラーは水族館のイメージカラーの青色。ペンギンを形どったペンギンムースが人気です。

地方の観光名所のそばでお店を構える方は参考にしてください。

長崎県雲仙市にある「小浜温泉」。全国の温泉の中でも熱量、温度ともに１位を誇り、温度１００度のお湯が１日に１５０００トン湧き出しています。泉質は塩泉であり、高温の温泉蒸気で一気に蒸し上げることで地産の野菜や魚介類の旨味と栄養素がぎゅっと凝縮され、素材本来の味を引き立たせています。味が濃縮されたジャムは絶品です。

☆環境・地産物を生かしたＵＳＰ☆
●温蒸素味（おんむすび）地産・自然の力を生かしたお店
https://onmusubi.com/

☆存在そのものが１歩先を行く最先端のパン屋さん☆
●アマムダコタン（福岡・東京）
https://amamdacotan.com/

地産の食材を使い、その地域にしかない環境を利用して調理し、他の追随を許さない唯一無二の商品作りはとてもすばらしいです。

●アマムダコタン

福岡県から東京に進出した洋食とパン屋のこだわりをミックスしたようなお店です。マリトッツオのブームを作ったお店です。

一歩先を行くセンスあふれるお店であり、「手をかければかけるほどおいしくなる」ことを実証できるお店です。それはお店のインテリアにも現われています。

存在そのものが差別化できている「心奪われる」お店です。

ここまでいろいろなUSPを紹介しましたが、いかがでしたか⁉

もう一度、自分のやりたいお店のイメージを明確にし、差別化につながるか整理してみてください。競合優位性を高め、成功できるお店にしていきましょう！

次項では、右記を考えながら自分の理想のお店をアウトプットしていきましょう。

❻ 想いをカタチにする！　理想のお店を書いてみよう（コンセプトシート記入）

前項目までのことを頭に入れたうえで、コンセプトシートを記入していきましょう！記入するうえで解説しますので、参考にしてみてください。

●店名

店名は、お店のコンセプトやイメージを決定づけるものです。自分の想いを表わすものや地名に由来するものなどさまざまです。

例）店名「pain stock」（パンストック）

オーナーが「おいしいパンがいつも家にストックしてある日常を作りたい」という想いから、「pain stock」と名付けたそうです。

例）店名「Bäckerei.nagasaki」（ベッカライ　長崎）

ドイツ語で「パン屋」を意味する「ベッカライ」。創業時、パン屋を構えた場所「あぐりの丘」がドイツの農村をイメージした施設だったので、創業当時の精神を忘れないためにベッカライを使用。それに、パン発祥の地「長崎」を加えて「Bäckerei.nagasaki」と名

理想のお店（コンセプト設定）シート

店名：
お店のコンセプト：
お店の雰囲気：
お店のスタイル（イートイン有・イートイン無し）
お店の大きさ：約　坪（キッチン　坪・販売所　坪）
エリア（繁華街・郊外・住宅街・大型商業施設近く・駅近く）
店舗住所
競合店（有・無し）＊500m圏内
有→（コンビニエンスストア・スーパー・ベーカリーショップ）
メインとしたいパンの順番
（フランスパン・食事パン（食パン）・調理パン・菓子パン・サンド類から）
1
2
3
4
5

売上げ設定
①1日の客数　人×想定客単価　円＝売上げ　円
②月商＝①×月間営業日数（　日）

外観イメージ
内装イメージ
店舗レイアウト図

2

コンセプトシート

付けました。

●コンセプト―一番大切になります。きちんと決めてください。

●雰囲気―コンセプト、客層に応じて設定してください。

●お店のスタイル―パン屋ならば、イートインスペースを作るか、または作らずに販売所だけにするのか

●お店の大きさ―1坪はおよそ3・3㎡。売上げを日商4万円以上に考えているのならキッチン11坪以上、販売所4坪以上が妥当（パンの専門機械を使用する前提）。売上げが日商2万円以下の趣味・週末起業・副業でやるお店なら、パンの専用機械を使わずに8坪以下のお店作りも可能。

●エリア・店舗住所―大きく分けると、街中の通行人対象立地なのか、郊外型ロードサイド立地なのか。出店場所が決まっているならば店舗住所を記入します。まだ決まっていないのであれば3章を読んで記入していきましょう。

●競合店―この後の3章を読んで記入してください。

●メインとしたいパンの順番―パン専門店ならば専門にしたいパンを記入。バラエティブレッドで勝負する場合は、メインとなるパンから順に記入。

●売上げ設定―①・1日の客数（組数）。3章の競合調査を参考に決定。

・想定客単価

競合店の客単価を参考に、出店エリアの客単価のレベルを確認する。そのうえで、自分のお店のひとつ当たりのパンの単価を元に客単価を予測する。

パン単価1個200円。平均1組買い上げ点数4点の場合、800円。

1日の入客組数100組×800円＝日商8万円

②月商

①×月間の営業日数。

●外観イメージ―コンセプトにより決定します。

●内観イメージ—コンセプトにより決定します。
●店舗レイアウト図—売上目標に対する機械の選定により店舗の大きさが変わります。売上目標に応じた、お店のキッチン・販売所のレイアウトを記入してください。
コンセプトはお店が成功するかどうかが決まる！　と言えるほど、大切なものです。

他店との差別化を考えたうえでの「コンセプト設定」を行ない、競合優位性の高いお店にしてください。

次の3章では、「コンセプト設定」と同じくらい大切な、「立地」について学んでいきましょう！

3章　絶対に外せない、物件探し！

❶ 物件探しはスラムダンク

物件とは店舗のことで、自分がやりたいお店の物件を探すことを物件探しと言います。物件探しを成功させて繁盛店にするためには、「立地のよい物件」を選ぶことが大切です。

立地について、誰かが言いました。

「立地は飲食店にとってスラムダンクでないといけない」と。

「スラムダンク」とは、バスケットのダンクシュートの中で、相手のディフェンスがなく、確実にシュートが決まる状況のダンクシュートを言うそうです。要するに、「立地選びは外せないこと」、「確実に集客できる場所でないといけないこと」を言っています。

パン屋開業成功のためのカギは「立地選び（物件選び）」が握るといっても過言ではありません。ただ、1章でもご説明した通り、「コロナ禍」によって今まで「立地がよい」と言われていた物件での集客ができず、「悪い物件」になっているのが現状です。

物件を決定する場合は入念な調査を行ない、よい物件を見つけましょう。

フランチャイズやコンサルティングを頼む場合は、「立地探し」もコンサルティング会社がしてくれます。コンサルティング会社・フランチャイズ本部は、独自の立地探しの手法を持っているのでそこに依頼し、まかせるのもひとつの方法です。

もしフランチャイズにも加盟せず、コンサルティング会社にも依頼しない場合は自分で物件を探すしかありません。

ナショナルチェーンでも、最初は1件の小さなお店からスタートしています。ナショナルチェーンであっても、「創業者」が最初のお店の立地を考えて決めています。この本を読んでいる方はまさしく「創業者」です。「創業者」として立地を調査し、物件を決めましょう。

ちなみに私の経験談ですが、私がびっくりドンキーを辞めて起業した業態は、飲食業で3店舗を長崎市内で展開しました。1号店は「多国籍ダイニング・トレジャーハンター」という多国籍料理とお酒を楽しめるお店でした。

長崎市の**繁華街「思案橋」の入口**の「東洋軒」というパン屋の2階で、その立地が苦戦するとはわかっていたものの、「やってみないとわからない」と思い、契約して運営しました。

12坪の小さなお店で、家賃は坪単価1万円弱でした。ホールには4名がけテーブルが2つ、2名がけテーブルは4つの16名しか入らなかったので、予約対応時にはすぐに満席になってしまい、一組の宴会時間は2時間ほどでしたので回転も良くありませんでした。そのため、月間売上げの上限が決まってしまい、苦戦しました。今考えてみると当たり前のことでした。客数と客単価の設定が甘すぎて、客層の把握もできていなかったのです。

1号店の失敗を挽回するためにオープンしたのが2号店です。2号店の場所は、当時マリンビルと呼ばれていた、1号店とは隣町に当たるところで、1号店から徒歩で5分ぐらいの距離の店でした。

2号店は「宴会予約専門のお店」にして、1号店で取れなかった予約がとれるように、40名収容できるお店にしました。1号店とは離れているので、予約の段階でその旨をお客様に説明してご案内するようにしました。年末年始・歓送迎会はもちろん、カラオケ設備も入れて結婚式の2次会も取れるようにしたことで、1・2号店合わせて利益を出せる店にしました。

そして3号店です。3号店は、知り合いがピザ屋をしていた店舗で、ピザ屋の売上げが不振で、居抜きで機械を無償でもらえたことや内外装工事にお金がかからないことが魅力で、頼まれたこともあり、引き受けることにしました。立地は石神町という場所で、長崎市内の**メイン道路からはかなり外れている立地的には悪い場所**でした。

このお店は前述したとおり、「開業費用がほとんどかからない」という理由で出店したお店です。

業態は「フレンチ厨房ギオット」という店名にし、カジュアルフレンチをしました。30名程収容できる中規模店舗でした。この3店舗で、1番苦しんだのがこの3店舗目でした。飲食店の居抜き店舗では、前のお店が撤退する理由としては立地が悪い可能性が高くなります。立地が悪い場所では、よほどクオリティが高い料理でお客様をファンにできなければ売上げは低迷します。この3店舗目は、郊外型でありながら駐車場が近くに確保できなかったことも、お客様離れにつながりました。

結局、創業から5年後に「リーマンショック」の影響で景気の低迷のあおりを受け、売上げが下がっていった時に決断したのが、「パン屋への業態変更」と「間違えない良い立地選び」でした。

長崎市の運営する「あぐりの丘」のパン工場に出店が決まり、そこでパンを製造することにして、最初は移動車販売から始めました。

飲食業態で苦労した教訓である「立地探し」は、常にアンテナを張り巡らせて、昼間人口の多い、長崎市、長崎県庁舎、大型商業施設、主要駅である長崎駅、浦上駅、企業ビルが密集するエリアを隅々まで調査しました。

その結果、パン屋として1号店である立地を獲得しました。

それが「長崎市役所前店」でした。長崎市役所前店は長崎市役所本庁の前で、横断歩道

を渡ってすぐの好立地であり、3坪という狭い立地でありながら、日商10万円を売上げる、長崎では例をみないほどの坪単価の高いお店となりました。

この物件は、自分の足で探した物件です。

常に長崎市内の物件を歩き回り、チェックしていたからこそ見つけられた物件です。実際に、不動産屋が物件の賃貸の張り紙をしてから4時間後に私が押さえました。

このように、よい立地を探すには、常に自分で見て回りアンテナを張っておかなければなりません。

また、飲食店で1～3号店までは決してよい立地ではなかったことも、自分の中では財産になっています。飲食店での立地選びの教訓があったからこそ、パン屋の物件選びの成功につながりました。また、パン屋のよいところは売場面積が小さくてもよいということです。

飲食店のようにお店の大きさで売上げ（客席数×回転率）が決まる業態ではないのが、パン業態です。売上げに応じたパンの販売台の大きさの確保は必要ですが、お客様が来店してパンを購入しお帰りになるので、店舗の広さと売上げは必ずしも比例しません（イートインをしていない店舗の場合）。

立地選びはスラムダンク。立地選びを間違えないことが繁盛店への条件であると頭に入れて物件探しをしましょう。

❷ 立地選びの落とし穴と物件選考方法

立地選び・物件選びはお店の売上げに直結する大切な仕事です。

本書を読んでいただいている方で「開業したい」と思っている人のほとんどが開業未経験者の方だと思います。未経験者の方が陥りやすい失敗は、物件探しをしている際に冷静さをなくすことです。

知り合いの不動産屋から、「この物件はいいですよ」「もう、こんないい物件は出てこないですよ」と言われると冷静に判断することができず、盲目的に不動産業者の言葉を信じて契約してしまうケースが多くあります。本当によい物件であれば問題ないのですが、基本的に「不動産業者の言うことは、話半分で聞いておくぐらいがちょうどよい」と思います。

不動産業者の中には、本当にお客様のために「よい物件」を紹介しようと思っている業者もいるかもしれませんが、ほとんどの不動産屋業者は、商売として物件を紹介しています。厳しい言い方をすれば、「立地が悪い物件でも紹介する」というスタンスです。

立地が悪い物件を紹介すれば、テナントが入ってもそのテナントは売上が上がらず撤退し、物件が空きます。撤退時期が早ければ、その分紹介料が入ってきます。限られた物件数の中で不動産業者が売上げを上げている理由は、回転率を上げているからです。

また、不動産業者を「立地・物件のプロフェッショナル」と思っている方が多くいますがそれは間違いです。不動産業者は飲食系の立地決定には欠かせない「お客様の導線」「客層」は、まったくと言っていいほどわかっていないことが多いのです。その点で言えば、素人のようなものです。

その他、不動産業者がよく薦めてくるのは「居抜き物件」です。不動産業者の「居抜きなので開業費用を抑えられますよ」という言葉を聞いたら要注意です。

居抜き物件にもいろいろな契約パターンがあります。機械設備すべてを譲渡するパターンと機械設備一式で「〇〇〇万円」と、金額を提示してくるパターンなどです。

売り出されている居抜きの店が新しい店なら、買い取る価値はあるかもしれませんが、20年以上営業している店の機械は、物によっては修理できない場合もあります（修理する基盤等の部品が廃盤になっていたりするため）。居抜きで機械を買い取る場合は、機械が壊れた時に修理できるかどうかもチェックしなければなりません。

また、基本的に居抜き物件は売上げが上がらないと思ってもらっていいでしょう。

パン屋が閉店した所に、新しくパン屋をオープンしても同じ業種であるならば、売上げが上がらない可能性が高く、よほどコンセプトがしっかりしていて、ずば抜けた商品力を持っていなければやめたほうがいいでしょう（商品力や差別化ができているならば出店しても大丈夫です）。

したがって、物件を選ぶ時は不動産業者の言葉を鵜呑みにせず、冷静に判断することを心がけてください。

冷静に判断する材料として、「自分で立地調査を行なう方法」を説明しますので、参考にしてください。

私は立地調査にすべてをかけます。立地が悪ければ、オープンした後、売上げを回復させるための労力は計り知れないからです。立地がよければ、その労力を商品力アップなどお客様に使うことができ、よりお店はよくなり繁盛店になります（自信がない方は、私にお気軽にご相談ください。アドバイスいたします。巻末に、連絡先を載せておきます)。

「自分で立地調査を行なう方法」として、はじめに立地調査を始める際に以下の2点を確認します。

① 自分がやろうとしているパン屋に合った立地を探すのか?

② 立地を見てパン屋の形態を決めるのか?

です。

①は、自分のやるパン屋のコンセプト・形態がしっかり決まっている時のことです。

②は、先に物件を紹介された(物件候補が上がっている)時のことです。

2章でコンセプトを記入していると思いますので、それを念頭に考えていきます。

まず、自分のやりたいお店のターゲットは誰であるか? 街中の社会人を狙うのか、郊外型で地域住民を狙うのか? コロナの前であってもコロナ禍であっても、繁盛するお店は「お店のコンセプト・商品」がお客様から共感していただき、ニーズに合っていてお客様の信頼を得るお店です。まずおおまかに、街中を狙うか郊外を狙うかを決めます。そこで参考になるのが、住民基本データです。

私のパン屋での出店は、まず基本データで人口の多いところを狙っていきます。調べ方は、自分が住んでいる市や区の統計課が、地域別に人口や世帯数を発表している統計表を参考にします。

　より詳しい人口統計表を入手する場合は、自分が住んでいる市や区の図書館等に人口を調査するデータベースが無償で提供されていますので、それを印刷し、エリア情報を詳しく調べます。各エリアの商工会議所も、通行量調査のデータを持っているので入手します。

　また、これは日頃から意識していただきたいことですが、人通りが多い物件でパン屋として売上げが見込める場所の候補をあらかじめ調べておき、常にチェックすることです。自分で、「ここは売れる」という候補物件周辺を、実際に歩いてたしかめることが大切です。

　人口が多く、自分が「出店したい」と思うエリアを3年間でもずっと観察していれば、人の流れが見えてきます。その上でお店の入れ替わりもわかり、「よい立地」のお店がどこかがわかってきます。

　人口データを見て物件の目星をつけ、人の流れを見てよい立地かどうかを判断しましょう。

　立地選びの落とし穴は、「冷静さを見失うこと」です。感情に流されず、慎重に、よい立地であるかどうかを見極めましょう。

それでも心配な場合は、自分が狙っている物件の近くで営業する店に人の流れや立地がよいかどうかを聞き、情報を集めて物件を決めましょう。

その点でも立地調査はやはり「経験」が物を言います。パン屋の物件選びは独特です。どんなコンサル会社に頼んでも、数十万円単位で調査費用がかかるのが立地調査です。

逆に言えば、それだけ「重要」だということです。

立地選びで、だいたいのエリアの状況・物件の目処が立ってきたら、物件の管理者である「不動産業者」にテナントの条件を聞きにいきます。

・飲食店・パン屋等、調理を行なう商売が可能な物件か？
・坪数・家賃・敷金・礼金はいくらか？
・前にテナントインしていた業種と、どれぐらいの期間運営していたか？
・電気ガス水道の配管がどこまで来ているのか？
（電気の容量・動力200V、100Vアンペア数）
・換気関係・排水設備・グリストラップなどがあるのか？
・居抜きの場合は、原状回復要件の確認（居抜きのままか、スケルトンで返却か）
・外観・看板位置確認及び設置可能か？

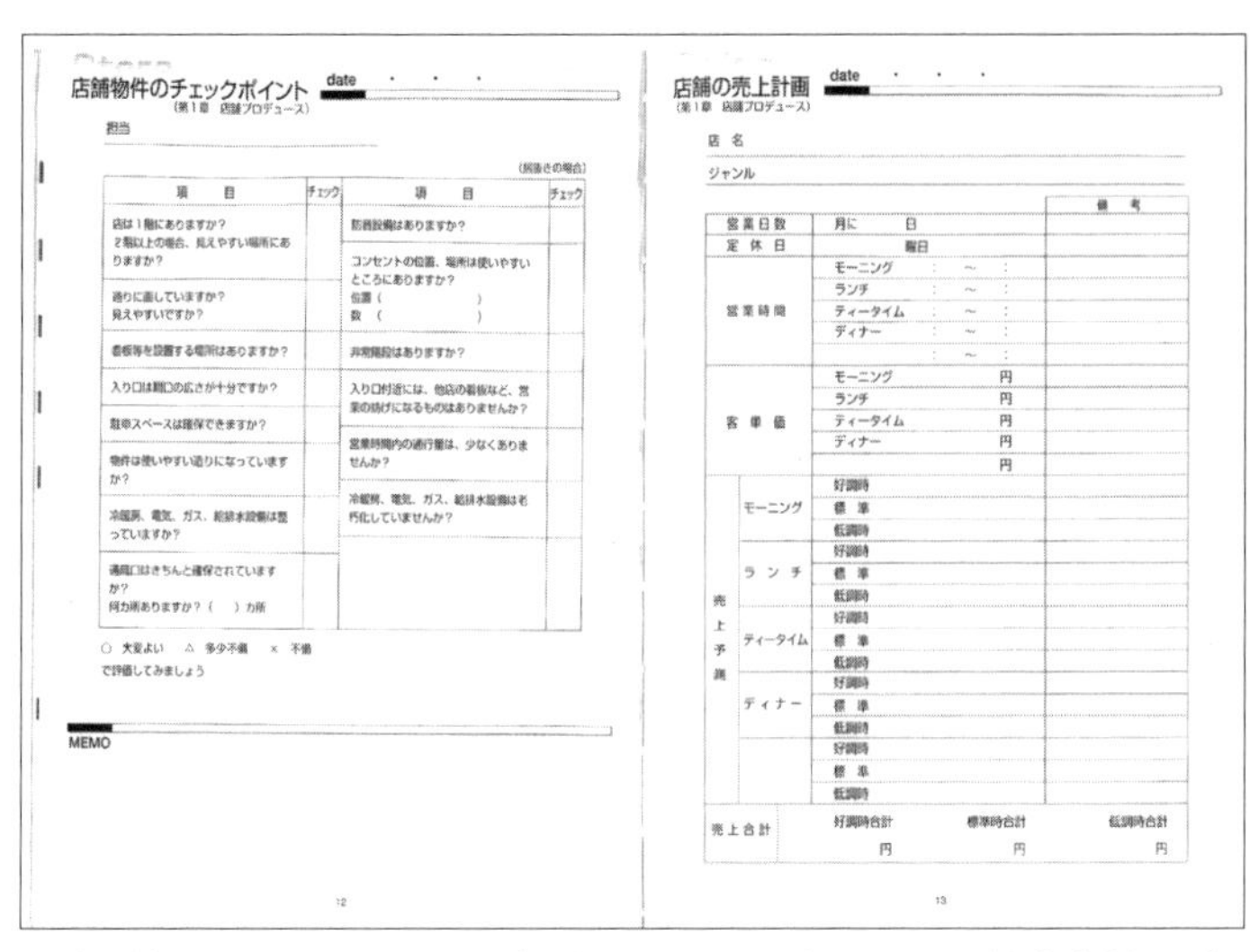

店舗物件のチェックポイント　date　・　・　・
（第1章　店舗プロデュース）

担当

（居抜きの場合）

項　目	チェック	項　目	チェック
店は1階にありますか？ 2階以上の場合、見えやすい場所にありますか？		防音設備はありますか？	
通りに面していますか？ 見えやすいですか？		コンセントの位置、場所は使いやすいところにありますか？ 位置（　　　　） 数　（　　　　）	
看板等を設置する場所はありますか？		非常階段はありますか？	
入り口は間口の広さが十分ですか？		入り口付近には、他店の看板など、営業の妨げになるものはありませんか？	
駐車スペースは確保できますか？		営業時間内の通行量は、少なくありませんか？	
物件は使いやすい造りになっていますか？		冷暖房、電気、ガス、給排水設備は老朽化していませんか？	
冷暖房、電気、ガス、給排水設備は整っていますか？			
換気口はきちんと確保されていますか？ 何カ所ありますか？（　）カ所			

○ 大変よい　△ 多少不備　× 不備
で評価してみましょう

MEMO

12

店舗の売上計画　date　・　・　・
（第1章　店舗プロデュース）

店名

ジャンル

			備考
営業日数		月に　　日	
定休日		曜日	
営業時間		モーニング　：　～　：	
		ランチ　：　～　：	
		ティータイム　：　～　：	
		ディナー　：　～　：	
		：　～　：	
客単価		モーニング　円	
		ランチ　円	
		ティータイム　円	
		ディナー　円	
		円	
売上予測	モーニング	好調時	
		標準	
		低調時	
	ランチ	好調時	
		標準	
		低調時	
	ティータイム	好調時	
		標準	
		低調時	
	ディナー	好調時	
		標準	
		低調時	
		好調時	
		標準	
		低調時	
売上合計	好調時合計　円	標準時合計　円	低調時合計　円

13

店舗物件のチェックポイント（日本フードコーディネーター協会資料より）

・外観店舗領域の確認。間取りの広さ確認

不動産業者の中で、本当にその業態に合った物件を選べる人に、いまだ私は会ったことがありません。基本的に不動産業者は物件のことはよいことしか言いません。お店をオープンする借り手のサポートをするはずの不動産業者ですが、目先の契約に一所懸命でお客様のことはなどそっちのけです。

不動産業者が言う「いい物件です」という一言は、きちんとその根拠を聞いてください。

・近隣の人口（昼間・夜）
・人の動線とおおよその人数
・公共施設・駅などあればその利用者数

など……

あとは、上記の項目を確認しながら店舗を取得するかを決めていきます。

立地調査・物件選びは、成功させるための最大の要因です。

実際に、知り合いで飲食店などを経営されている方や工事関係者・知り合いの信用できる不動産屋・近隣で営業されている他業種の方やコンサルタントに聞いて物件を決めましょう！　添付資料「店舗物件のチェックポイント」を記入してください。

❸ 誰でもできる競合店調査方法・レシート調査

自分で物件を見つけたら、その立地で利益を残せるのかを判断するために、立地調査を行ないます。立地調査で売上げがいくら上がるのかを予測して売上予算を作成し、損益計算を行ない、利益が見込めるかどうかを算出し、利益が残るなら出店する方向で進めます。

ここで重要なのは、「売上予測」を間違えないことです。

前項目で書いたように、周辺人口、世帯数、昼間人口、通行量、客層等データを見ながら「売上予測」を出します。

初めての出店の場合、「売上予測」を算出することはハードルが高いと思いますので、確実に「売上予測」を算出する方法として「競合店調査」という方法があります。同一エリアの「競合店」の売上げを調べることで、出店予定物件の売上予測が算出できます。「競合店」とは、いわばライバル店のことです。「パン屋」だけでなく、同一エリアに出店する「飲食店」や「コンビニエンスストア」なども含まれます。

出店するエリア内での「競合店」の売上げを知ることで、出店予定物件のだいたいの売上げを予測し、競合店の売上げが高ければ、そのエリアでの物件の売上げは見込めると判断します。逆に、競合店の売上げが低ければ、競合店の状態（店の雰囲気・サービス・品質・掃除状況）をチェックし、状態が悪ければ、店自体に問題があると捉え、他の店を調査し、エリアの潜在購買力を判断します。

「競合店調査」とは、お店をオープンする前（またはオープンした後）に行なうもので字のごとく、自分がオープンするお店と戦うこととなるライバル店の売上げやお店の状態を把握することで、より自店の売上予測やコンセプト、販売促進計画を立てやすくし、自店の強みを出せるようになります。

「競合店調査」の役割

オープンする前ならば、

・入客数目安を把握（売上予測に必要）

・客層把握（客単価設定に必要）

オープンした後ならば、

・競合店との売上差による優劣の把握・改善案の提起に役立てます。

●自分のお店の売上げが多くて勝っていれば、自店のお店がお客様に受け入れられ、商品力・サービス力・雰囲気・価格に問題がないことがわかる。

●自分のお店が負けていれば、競合店より商品力またはサービス力、雰囲気、価格に問題があることがわかり、改善するポイントがわかる。

●自店と競合店の売上変動が同じ場合

自店の力ではなく景気の変動・消費動向の変化による影響が考えられるので、競合店対策とは関係のない、違った戦略をとる必要があることがわかる。

何度も言いますが、自分が出店する候補物件を確定するために立地調査をする際には、必ず「競合店調査」を行ない、候補物件に出店して商売として成り立つかどうかを判断する根拠となる売上予測を作成します。

競合店調査をするかしないかで、立地調査の精度はまったく違うので、立地選びを失敗しないようにするために必ず行ないましょう。

次に、競合店調査方法についてご説明します。競合店調査の目的は、前述したとおり、「競合店の客数を調べることで競合店の売上げを把握する」（＝出店予定物件の売上予測を立てる）ことです。

この場合、「レシート調査」という方法で客数（＝売上げ）を調べていきます。具体的に「レシート調査」の方法を説明しましょう。

これは、レシートを用いた客数の算出方法です。

①　競合店の開店直後に行き、パンを買い、レシートをもらいます。

②　競合店のピーク後13時ぐらいに行き、パンを買いレシートをもらいます。

③　競合店の閉店時間前に行き、パンを買いレシートをもらいます。

これら1日3回で、1日の客数がわかります。平日と土日の格差があるので、より正確なデータを取りたい場合は平日・土曜日・日曜日・祝日も、レシート調査を行ないます。

4　レシートに表示されている「時間」と「レシートNO」を各時間記入し、客数を出します。

【例】

●オープン時（07：00）レシートNO256
●ピーク後（13：00）　レシートNO380
●クローズ時（19：00）レシートNO518

●7〜13時　124組（380−256）6時間
●13〜19時　138組（518−380）6時間

●営業時間12時間　トータル組数262組
●262組×客単価400円＝104800円

このレシート調査により、競合店の日商が約10万円であることがわかりました。

客単価については、店の雰囲気・立地・パンの種類によ る客層により変化します。競合店にパンを買いに行くとき、5組ほど他のお客様がレジに持っていくパンの個数を数えておいて、5組のだいたいの平均買い上げ点数×客単価と考えてよいと思います。競合店のパンが、1個いくらで売られているか、単価は見ておいてください。これらのことを各時間帯ごとに行なえば、より細かなデータが収集できます（各時間帯入客数・ピーク時の入客ボリュームがわかることで、どの時間帯までにどれくらいのパンを準備すればいいのか？　等、スタンバイの目安としても役立てることができます）。

競合店と自店の特徴がかけ離れていないかぎり、非常に有効なデータ収集方法となりますので実践してください。

同一エリアの競合店調査で競合店がパン屋の場合、そのエリアのパンの購買力は約10万円であることがわかりました。同一エリアにパン屋を出店する場合、自分の候補物件のパン屋は確実に5万円は売上げが確保できると予測できます。

その5万円を10万円に近づけるために、次の項目で説明する「営業状態調査」を行ないます。

競合店の現状を把握し、自店のコンセプトの再設定や差別化、販売促進などに役立てて、売上げを伸ばしていきましょう。

❹『お客様満足の方程式』を使用した競合店調査方法

自分が出店したい物件が見つかり、レシート調査による売上げが見込めると判断できた場合は、「お客様満足の方程式」を使用した競合店調査を行ないます。

競合店の営業状態を調べることで、競合店の店舗レベル・店舗方針を理解し、自店のコンセプト設定や販売促進策等、競合店に打ち勝つ計画を立てていきます。

今も昔も変わらず、サービス業はお客様の満足を得ることだけが、お店を成功させる方法です。

左記の「お客様満足の方程式」を用いて、競合店の営業状態を調査します。

お客様の満足度の方程式V＝$\frac{Q+S+C+A}{P}$

V（バリュー）＝お客様満足度　P（プライス）＝価格
Q（クオリティ）＝品質　A（アトモスフェアー）＝雰囲気
S（サービス）＝接客力
C（クリンリネンス）＝清潔感ある磨き上げられた掃除状態

分母の価格が変動しない固定値と考えると、V（バリュー＝満足度）を上げるには分子のQ・S・C・Aのレベルを上げていくことが必要です。

競合店を分析する際、価格・品質・サービス・掃除状態・雰囲気を客観的に観察し、競合店の弱点やよいところ理解し、自店のお店づくりに役立てていくことで、競合店に勝つ店づくりを行なっていきます。

添付資料「競合店特性チェックシート」を記入し、競合店の営業状態をチェックしてみましょう。

この「お客様満足の方程式」は、一般的には飲食店に用いられているものですがパン屋でも使用できます。ただし、パン屋と飲食店で捉え方が違うところがありますので、少し

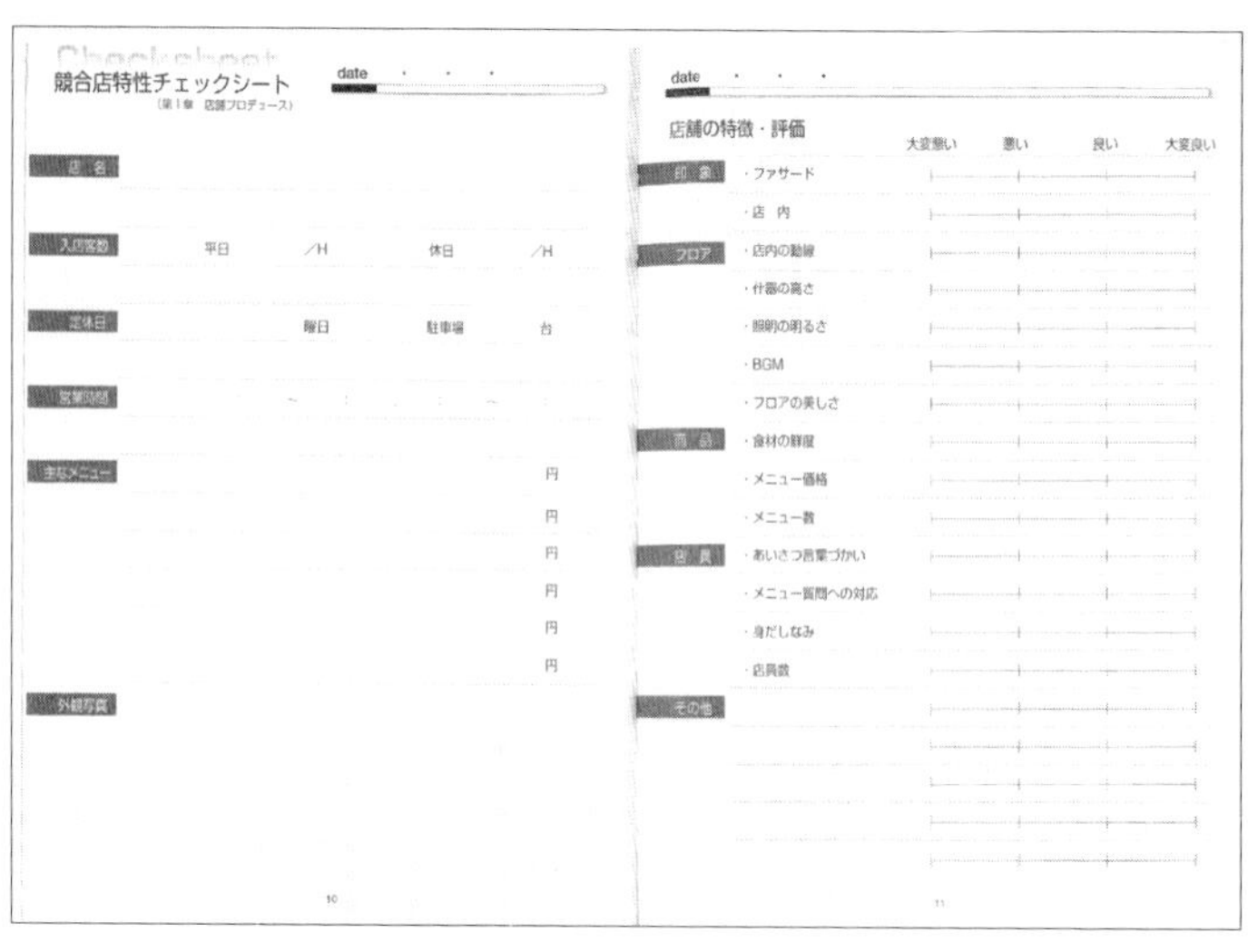

競合店特性チェックシート
（第1章　店舗プロデュース）

date　・　・　・

店名				
入店客数	平日	／H	休日	／H
定休日		曜日	駐車場	台
営業時間				
主なメニュー				円
				円
				円
				円
				円
				円
外観写真				

10

date　・　・　・

店舗の特徴・評価

分類	項目	大変悪い	悪い	良い	大変良い
印象	・ファサード				
	・店内				
フロア	・店内の動線				
	・什器の高さ				
	・照明の明るさ				
	・BGM				
	・フロアの美しさ				
商品	・食材の鮮度				
	・メニュー価格				
	・メニュー数				
店員	・あいさつ言葉づかい				
	・メニュー質問への対応				
	・身だしなみ				
	・店員数				
その他					

11

競合店特性チェックシート

詳しく説明をしていきたいと思います。

競合店調査も大切ですが、自分のお店のチェックにも役立てて「お客様満足度」を上げていきましょう。

Q（クオリティ＝品質）について➡メニューの考え方

飲食店でのメニュー構成はグランドメニューがあり、シーズナブルメニュー（季節のメニュー）があるのが一般的で、高級店、専門店、大衆店等により価格帯は違います。

飲食店のメニューで日替わりランチなどを除いて考えると、メニュー変更は季節のメニューは季節ごとで、グランドメニューはほとんど変わらないのが通常です。

　これに比べて、パン屋のメニュー（パン）構成ですが、もちろんグランドメニューとなる「定番パン」や、「日替わりパン」や「季節限定パン」もありますが、飲食店のメニュー変更より早いスパンでパン（メニュー）が変わります。

　売れているパン屋さんは日替わりパン以外にも、従業員が常に新しいパン作りを行なっています。料理に比べ、パン1個の単価が低いことも関係していると思いますが、「常においしいパンをお客様にお出ししたい」というパン職人の気持ちから、切磋琢磨する環境が生まれ、創意工夫した創作パンが常に生まれています。

　2章の「コンセプト設定」で考えた「自分のお店で出すパン」が専門店のパンなのか、バラエティのパンなのかにもよりますが、競合優位性（ＵＳＰ）を押さえた上でコンセプトに則ったパンを常日頃からクオリティアップを目標に、早いスパンでお出しすることを心がけてください。

Ｓ（サービス）について

　パン屋さんで働く人のイメージは「明るく元気な店員さん」というイメージがあります。

　私のパン屋さんに対するイメージは「明るく清潔感があり、手づくりの安全な物を、熱々新鮮なまま出してくれるお店」です。だからこそ、「明るく元気な接客」をしてほしいと思っています。

サービスの基本は、「自分がしてもらってうれしいことをお客様にして差し上げること」、「自分がされて嫌なことは絶対にしない」、「お客様の立場に立って考える・感じるサービス」、「ホスピタリティマインド（思いやりの気持ち）を持ってお客様を見守り、お客様から言われる前に気づいて差し上げるサービス」です。

接客する時に、お客様のことを本当に考えているなら、自然と「会話」が生まれます。「雨の中来てくださり、ありがとうございます」、「寒くないですか？」、「どういったパンをお探しですか？」、「本日のおすすめパンはこれです」等です。

自分のお店のパンの商品説明はもちろん、パンの歴史やパンの分類など、パンに対する知識をお客様にお伝えすることもサービスのひとつです。

また、常に新しい商品が売場にあることで、「選べる楽しみ」もサービスと言えます。お客様への思いやりの気持ちを表わす一番の方法は「笑顔」です。「まずは笑顔から」笑顔あふれるお店を作りましょう。

C（クリンリネンス）＝清潔感ある磨き上げられた掃除状態について

クリンリネンスは大切です。磨き上げられた清潔感のあるお店は、お店を営業するうえで欠かせません。

パン屋でイートインがある「ベーカリーカフェ」形態は、トイレの掃除をこまめにしましょう。大手ナショナルチェーンの外食産業の店でトイレの掃除ができていない店は、サービスも悪いことが多いようです。

販売台はパンくずがなく清潔な状態か？　ディスプレイが汚れていないか？　レジ回りは整理整頓しているか？　窓がある場合は曇ってないか？

掃除の漏れをなくすためには、掃除個所をリストアップし、掃除をしたらチェックを入れる「クリンリネンスチェック表」を作成し、計画的に掃除を行ないましょう。

忙しいと、掃除が後回しになってできてない店もありますが、「お客様に快適に過ごしていただきたい」その気持ちのあらわれが掃除です。

当たり前ですが、掃除は最優先です。お客様に気持ちよくパンを買っていただけるように頑張りましょう。

A（アトモスフェアー）＝雰囲気について

お店の印象は、ファサードと呼ばれる外観、そして内装、販売台などの什器、主役となるパンの印象によって決まります。

2章「コンセプトシート」への記入で、自分のお店をどういったお店にしたいか、記入したことを思い出してください。

自分のお店をどんな雰囲気のお店にしたいですか？

パリのパン屋さんのようにシックなお店。それとも和風のお店、スタイリッシュなお店等、いろいろなデザインがあります。

店のコンセプトに応じた店づくりを行ないますので、そのお店のオーナーさんの考え方が反映されます。だからこそ、「コンセプト」がしっかりしていないといけません。

個人店であればあるほど、「雰囲気」は重要視されます。雰囲気のよいお店づくりを心掛けましょう。

P（プライス）＝価格について

飲食店に比べて一個単価が低いパンの値段付けは、一見簡単そうに思えますが、最重要事項です。京セラ創業者である故稲盛会長は、稲盛経営第6条でこう言われています。

「第6条　**値決めは経営　値決めはトップの仕事。お客様も喜び、自分も儲かるポイント**は一点である。値決めは、製品の価値を正確に判断した上で、製品一個当たりの利幅と、販売数量の積が極大値になる一点を求めることで行います。またその一点は、お客様が喜んで買ってくださる最高の値段にしなければなりません。こうして熟慮を重ねて決めた価格の中で、最大の利益を生み出す経営努力が必要となります。その際には、材料費や人件費などの諸経費がいくらかかるといった、固定概念や常識は一切捨て去るべきです。仕様や品質など、与えられた要件をすべて満たす範囲で、製品を最も低いコストで製造する努力を、徹底して行うことが不可欠です。値決めは、経営者の仕事であり、経営者の人格がそのまま現れるのです。」（第21回盛和塾世界大会・2013年7月18日より）

これは一概に「安く販売する」ことを言っているわけではありません。

「お客様も喜び自分も儲かる」ために、価格をいくらにするのかが勘所です。

パンは、日常にあふれている商品なので、普通のどこにでもあるパンを作っても、普通の値段でしか売れません。手づくりパン屋で、小物のパンの大体の1個当たりの相場価格は、地方だと通常160円～180円前後で、200円以上になると高いと認識されます（2022年5月現時点）。しかし、パンがどこにでも売っていない形や製法で、そのお店でしか買えないおいしいパンだったらどうでしょうか？　200円でも売れます。その200円で売っても価値があるものを、企業努力でコストを最小限に抑えて180円で売ることができたら、その商品は看板商品になるほど売れます。付加価値をつけながら、自分も儲かりお客様も喜ぶ値付け。おいしくて付加価値のある商品を作れることが大前提です

が、値付けも大切です。

競合店調査の場合、競合店、自分のお店、どちらも値段に対する付加価値があるかどうかを冷静に判断してくださ い。その上で、お客様が満足する値段を設定しましょう。

本章では、物件探しの手法と自分が探した物件が、本当に売上げが上がる見込みがあるかを判断する方法としての競合店調査（レシートによる売上調査）、そして「お客様満足の方程式」を使用した競合店調査方法についてお話ししました。

よい物件を見つけることが、繁盛店への第一歩です。常によい立地にアンテナを張り、よい物件を見つけられるように心がけましょう。

4章　開業資金はどうする？

❶ 開業資金はいくら必要か？

一般的に、パン屋の開業資金は1千万円～2千万円と言われていますが、厨房機械を新品で揃えるか中古で揃えるか、居抜き物件を活用するかスケルトンの状態から作るか、お店の規模をどれぐらいにするかによって、金額はまったく違ってきます。

3章で物件探しを行ない候補物件が決まり、競合店調査をすることで店の売上目標の算出を行ないましたので、売上目標に応じてお店の規模も決まり、開業資金も決まってきます。

開業費用の内訳は、大まかに挙げると以下になります。

① 不動産（物件）取得費用
② パン専用機械購入費用
③ 店舗デザイン費用
④ 店舗工事（施工）費用（＝内外装・看板費用）

では、各項目についてご説明していきたいと思います。

❷ 不動産（物件）取得費用

日商を5万円以上見込めるお店であれば工場と売場を併せて、少なくとも14坪は欲しいところです。もし、イートインスペースやベーカリーカフェの業態を希望する場合は客席数に応じて坪数を増やして考えます。

逆に、自分のできる範囲で小さいパン屋を作りたい場合は、パンの専用機械を入れずに小型の家庭用に近い機械を使用して、7坪以下の小さいパン屋を作ることも可能です。

7坪以下の小さいパン屋を作る場合は、自分の開業するエリアの保健所に事前相談してください。保健所によって基準が違いますが、坪数によって提供できるメニューの縛りがあるからです。坪数に応じたメニューを確認してから、不動産取得をしてください。

例）店舗坪数15坪。イートインなし、工場と販売所のみのパン屋で、坪単価1万5千円の場合。

契約時支払う金額

① 前家賃1ヶ月分　22万5千円

② 敷金　3ヶ月　67万5千円（家主により条件は変わる）

③　不動産紹介費　22万5千円（家賃1ヶ月分）
④　家賃保障費用　22万5千円（家賃1ヶ月分）

オープンする前の月に不動産契約する場合は、これ以外に日割り家賃が発生します。④は不払いなどのリスクを大家が回避するために加入するもので、不動産屋によっては入らなくてよいときもあります。

❸ パン専用機械購入費用

機械の購入費用については、中古か新品かによって大きく変わります。

また、お店の規模によって揃える機械の性能によって機種も変わってくるので、一概には言えません。

店舗運営上の必要な機械は、添付資料「製造ライン設備投資一覧表」を参照して下さい。

（中古の最安値の値段）

パン屋の機械で大きなもので、だいたいの金額を中古最安値で示しておきます。
・オーブン（4枚刺し3段）　180万円程度
・冷凍冷蔵庫　30万円程度

製造ライン設備投資一覧表(目安)

パンの製造工程について

パンの製造工程は大きく分けて8工程に分けられます。

(工程)	(内容)
1 計量	材料を計ります
2 ミキシング	材料を混ぜます。
3 1次発酵	発酵をさせ、生地をなじませます。
4 分割丸めベンチ	作るグラム数に分けていき、その後生地をなじませます。
5 成型	パンの形を作っていきます。
6 ホイロ・2次発酵	最終発酵を行ないます。
7 焼成	パンを焼き上げます。
8 冷まし・陳列	パンを冷まし、出荷準備をします。

1～8までの作業で必要なものをリストアップします。

(1・計量)	必要器具	用途	単価	数量	金額
	キロばかり	大物はかり	10000	2	20000
	小はかり	小物はかり	1000	4	4000
	バケツ	計量用具	500	3	1500
	ボウル	計量用具	1000	5	5000
	計量カップ	計量用具	1500	2	3000
	計量台	計量専用台	25000	1	25000
	粉入れ台車	移動用粉ストック台車	10000	1	10000
	ラック	粉ストック台	10000	1	10000
	製氷機	調水用用氷製造	250000	1	250000

(2・ミキシング)	必要器具	用途	単価	数量	金額
(3・1次発酵)	ミキサー	生地のミキシング	700000	1	700000
	カート	生地の掻き落とし	110	5	550
	ばんじゅう	生地の保管用	2000	10	20000
	温度計	生地の温度確認用	1800	2	3600

(4・分割丸めベンチ)	必要器具	用途	単価	数量	金額
	スケッパー	生地の分割道具	110	3	330
	パン布	生地の分割下敷き布	3000	6	18000
	麺棒	生地伸ばし	110	3	330
	モルダー	生地伸ばし	300000	1	300000
	コールドテーブル	作業台兼生地保管用	300000	1	300000
	冷凍冷蔵庫	生地保管用	300000	1	300000

(5・成型)	必要器具	用途	単価	数量	金額
	食パン型(1斤)	生地用型	1500	15	22500
	鉄板	生地載せ用	1500	50	75000
	霧吹き	生地吹きかけよう	110	2	220
	タッパー	あんこなど保管用	110	20	2200
	あんべら	あんこ盛り付け用	500	3	1500
	ゴマ付け棒	トッピング用	110	2	220
	はさみ	生地カット用	110	3	330
	ヘラ	生地分離用	500	4	2000

(6・ホイロ2次発酵)	必要器具	用途	単価	数量	金額
	発酵器	生地最終発酵用	500000	1	500000
	ドウコン		600000	2	1200000

(7・焼成)	必要器具	用途	単価	数量	金額
	タイマー	時間計り	110	10	1100
	焼成用台	クープ・トッピング作業代使用	20000	1	20000
	ホイッパー	生地混ぜ用	500	1	500
	クープナイフ	切り込み入れ道具	800	2	1600
	かみそり	切り込み入れ道具	110	2	220
	オーブン	パンの焼成用	1800000	1	1800000
	棒	鉄板をとる用	5000	1	5000
	天板刺し	焼成パン鉄板ストック用	50000	2	100000

(8・冷まし・陳列)	必要器具	用途	単価	数量	金額
	工場扇風機	焼成パンを冷ます用	8000	1	8000
	ステンレスラック	包材などのストック用	10000	1	10000
	陳列台	パン用冷蔵ショーケース	150000	1	150000

製造ライン設備投資一覧表

・コールドテーブル（台下冷蔵庫） 30万円程度
・製氷機　25万円程度
・ホイロ（独立型） 50万円程度
・ドウコンディショナー（1室独立型2室） 60万円程度
・モルダー　30万円程度
・ミキサー　生地量による（10キロミキシング60コートタイプで70万円程度）

です。

ただし、現在（2022年5月時点）コロナによる海外メーカーからの輸入規制により半導体不足が発生し、機械自体が手に入らなくなり、販売価格も上昇しています。

加えて、ロシアのウクライナ侵攻により不安定な状況が続いているので、価格は購入する際の時価を確認して下さい。

❹ 機械の購入方法

①ネットオークションで購入する方法（中古）

なるべく設備費用をかけたくない場合は、ネットオークションを利用し自分で探します。Ｙａｈｏｏに登録し、ヤフーオークションで検索して購入します。その場合のメリットは、「安く買える」ことですが、デメリットは、

・「手間がかかる」
・「一括で支払わないといけない」
・「開業準備する期間に揃わないことがある」
・「保証期間がつかない」

ことです。

安く手に入る半面、機械が到着したのはいいものの作動しなかったり、作動しても故障したりすると保証がないので、修理を依頼しなければならず、追加費用がかかったりします。

オークションを使って購入する場合は、出品者の評価を確認することと、出品者が厨房機器の中古販売専門店であることを確認して、メッセージでやり取りしてから購入してください。

②業者に依頼する方法（新品）

パンの食材を仕入れる食材卸業者で大手は、自社でお客様が店をオープンする際の店舗立ち上げの部門を持っており、店舗の設計から機械の販売、オープン後の食材卸、修理などサポートしてくれます。

ただし、食材卸業者からの紹介で機械を購入する場合、中間マージンを多く取られるので、購入金額は高額になります。

設備にかける予算が潤沢ならば、食材業者に頼むことをお勧めします。

インターネットで「パン食材業者　エリア名」と検索すれば地元の食材業者が出てきます。お勧めできるポイントはアフターフォローがしっかりしていて、地元の業者なので、迅速に故障などの対応をしてくれるというところです。機械が故障したりすると、営業ができなくなるため損失は大きいです。修理業者の確保という点でもお勧めです。

③コンサルタント（開業支援業者）に頼む方法

メーカーや食材業者の用意する新品機械では費用がかかりすぎる場合は、コンサルタントに安く機械を購入できる業者を紹介してもらうことで費用を抑えることができます。コンサルタントはその業界のことをよく知っていて、業界でのネットワークも持っているので、予算に応じて機械を調達することが可能な場合が多いのです。

しかし、注意点は「パン専門のコンサルタント」が地方にはなかなかいないということです。中小企業診断士やフードコーディネーターというコンサルを専門にやっている人であっても、パンは特殊なので、パン業態を理解している人はほとんどいません。

ですから、パン専門のコンサルタントを見つけたほうがよいでしょう。

機械にしても、飲食店の機械選定とはまったく違い、実際にパンの経験がないと間違った物を仕入れてしまう場合があるので、経験を持ったパン専門のコンサルタントに頼みましょう。

ただし、「パン専門のコンサルタント」のほとんどがフランチャイズとして開業支援しており、法外な加盟金、高い機械を一式売りつけている会社がほとんどです。

一度は聞いたことのある○○プロジェクトや有名ベーカリープロデューサーなどが援助

したお店でありながら、閉店したお店も数多くあります。フランチャイズコンサルタントを選ぶ場合は、きちんと実績を確認し、コンサルタントの人となりをみて信用できるか判断したうえで依頼することをお勧めします。

④メーカーに頼む方法（新品）

新品を購入するのであれば、機械メーカーから購入するのも一つの方法です。購入後のメンテナンスもしっかりしているので、資金が潤沢な場合は、メーカーから購入すれば間違いはありません。

ミキサーなら「愛工舎」など、機械の種類によって実績のある専門メーカーが分かれています。専門メーカーに個別連絡を取り購入すれば、手間をかけた分、少しは安くなります。

そうした方法は手間がかかるので、ワンストップで終わらせたい人は少し割高ですが、総合メーカーを回りましょう。インターネットで検索すれば、多くのメーカーが出てきますので、数社に見積り依頼をして相場を確認し、その上で自分に合ったメーカーを選びましょう。

❺ 店舗デザイン（内外装・平面図）費用

２章での「店舗コンセプト」を設定した後、そのコンセプトに見合った客層が狙える物件を取得することができたら、店舗のデザインナーや内外装などの設備業者を決定し、具体的な店舗作りを進めます。

お店の規模が小さく、店舗を立ち上げるオーナーが自分で明確なイメージができる場合、または設計に長けている場合は、デザイナーを使わなくても、設備業者にイメージを伝えて話し合いながら店づくりをする方法もあります。

一般的には、自分の持つ店舗コンセプトを具現化するためにプロのデザイナー（設計士）に依頼し、まとまりのある店づくり行なうほうが失敗は少ないでしょう。

①デザイナー（設計士）の選び方について

できれば、パン屋専門（飲食店専門）のデザイナーが望ましいです。デザインだけでなく、パンという業種をよく理解し、実際にお店がオープンしたときの作業動線をイメージしてデザインを起こすことが必要となるからです。デザイナーの選び方は、

・信頼できる友人知人から紹介してもらう
・内外装の設備業者さんから紹介してもらう
・商工会議所等から紹介してもらう
・自分が実際に理想とする実店舗があるのであれば、その店舗に直接連絡して紹介してもらう。
・Ｙａｈｏｏ知恵袋などで、「○○というお店のデザイナーを教えてほしい」などと質問し、調べる。

これらのことを行なって、よいデザイナーを見つけましょう。

②デザイナーの紹介をされたら

まずは面会し、自分のお店に同行してもらい、お店のコンセプトやどういうお店を作っていきたいかを伝えます。その上で、デザイナーの店舗づくりに対する考え方や今まで手がけた店舗のデザイン、大まかなデザイン費用などを質問し、「本当にこの人ならまかせられる」と思えるデザイナーを選んでいきましょう。

③店舗づくりの依頼方法

店舗づくりの発注方法には2通りあります。

A　デザイン設計と内外装施工の分離方式

デザイナーと契約して図面を起こし、その図面を基に別の内装業者に施工を依頼する方法。

B　デザイン設計と内外装施工の一括設計施工請負方式

1つの施工業者にデザイン設計から内外装工事まで一括して発注する方式。短期のスケジュールで施工を進行することが可能です。

現場責任者がいないと、作業工程が平気で何日も伸びることが実際にあります。そうしたことを防ぐためには、現場責任者を外部から雇うか、デザイナーに現場進行を管理してもらうか、施工業者にデザイン付きで依頼するか、のどれかになります。建設関係に詳しいなら自分で現場監督をすればいいですが、詳しくない場合はスケジュール通りに進行するために現場監督となる人を必ずおいてください。

C　設計デザイン料金について

設計デザイン料金については、そのデザイナー（設計者）のキャリア実績によるところが大きく、本当に実際に見積りを出してもらい、その金額に見合うものかを判断することが必要です。

複数のデザイナーに見積もりを出してもらい、相見積もりで相場を確認してください。イメージパースをデザイナーに提出してもらい、店舗コンセプトのイメージを汲み取ってくれることも選考基準のひとつです。

以下は、一般的なデザイン料の決定方法です。

A　施工費連動方式

総工費、あるいは内装工事費に対して、8～10％を目安に設計デザイン料を決定する方式です（総施工費の金額によってばらつきがある）。

B　坪当たり単価方式

店舗の坪数に対して設計料を決定する方法です。

坪当たり5万円～10万円が目安となります。

C　基本固定額＋坪単価方式

一定の基本固定額を設定し、店舗坪数の大小に応じた坪単価をプラスする方法（チェーン店など、同じデザインの店舗で採用されることが多い）。

AからCはあくまで手法です。相見積もりを行なった上で相場を確認し、後はイメージに合致するデザインをした方に決定すればいいでしょう。参考までに、私が頼むデザイナーの相場は30万円～50万円程度です。デザイナーの実績によるので、あくまでも参考値と思ってください。

❻ 開業費用・内外装費用

内外装についても、店舗規模や使用する素材などによってかかる費用は違ってきます。自分のイメージをデザイナー、または内外装業者に伝え、見積りをとり、相見積りを行ない、内外装業者を決定しましょう。

内外装業者とは、内装・外装を行なう業者のことです。内装業者はデザイナーのデザイン指示に従い、照明・天井・壁・床・棚・客席家具・レジ台等を施工し、外装業者は、店舗の外観である玄関、壁等の装飾（入口・照明・壁面装飾）等の施工を行ないます。看板屋も、同様にデザイナーの指示に従って看板を作って取り付けます。

デザイナーが施工業者に渡す「設計指針」や「具体的な指示の詳細」を書いた図面を実施設計と言います。施工業者はこの図面をもとに工事見積書を作成し、作業を行ないます。

もしデザイナーを雇わない場合は、自分で図面を書き、施工業者さんと打ち合わせを行なって寸法を決定し、見積りを出してもらいます。

最低でも、お店をオープンするために必要な図面は以下の通りです。

A　平面図

基本平面図は、不動産屋に言えばもらえます。

基本平面図に、機械の位置や従業員の動線、お客様の動線等をイメージし、最善のレイアウトを検討してください。

B　設備図面

給排水・ガス・空調ダクト・換気ダクトなどの設備に関する内容を図面化したもの。水道業者・ガス業者・空調業者等が担当。

C　電気図面

設備図面の一部ですが、営業に直接かかわりがあるので、必ずチェックすること。スイッチ・コンセント・電気盤の位置や厨房機器の動力200V100Vの電源容量が不足しないか、厨房機器に合っているかをチェックする。電気業者が担当。

D　厨房図面

厨房機器やパントリー機器のレイアウトを図面化したもの。大型店の場合、グリストラップ（排水溝）や側溝なども記されます。機械を購入したメーカーが図面をひいてくれますので頼んでください。

❼ 備品・消耗品費その他かかる費用

販売でのレジスターやパソコン・プリンター・トング・パンを入れる袋など、こまごまとしたものは備品・消耗品費です。その他必要となってくる費用については、チラシ・ポイントカード・ホームページやブログなどの広告宣伝費、初月の食材仕入れ費用。営業許可取得費用、有線ＢＧＭやインターネット回線費用などがかかります。

❽ 融資を成功させる創業計画書（事業計画書）の作成ポイント

開業資金をすべて自己資金でまかなうことができる場合であっても、事業計画書をきちんと作成し、計画通りに店舗づくりをすることが大切です。ほとんどの場合は、開業資金の一部に融資制度を使って充当します。融資は今まで取引がある銀行または、日本政策金融公庫に相談しましょう。各県の各市、町の商工会議所や都道府県が主催する創業セミナーで、創業計画書の作成サポートや金融機関の紹介を行なっています。商売はまずその土地に根付いたものでないといけないので、地元の創業支援機関を訪ねて、情報収集や資金繰り、補助金の適用項目の有無など、役に立つ情報を入手しましょう。

2章で作成した「コンセプトシート」と売上げ見込み。3章で作成した「競合店調査表」をベースに、「日本政策金融公庫」の「創業計画書」を記入してください。資料として「コンセプトシート」と「競合店調査表」を添付し、銀行に提出すれば創業計画書の信憑性が上がり、融資が通りやすく（お金が借りやすく）なります。ポイントとして1章のコロナ禍でも生き残るお店の事例を元に通信販売を売上げの項目に入れたり、2章のコンセプトの差別化戦略でお客様に受け入れられるお店づくりを盛り込み、3章の立地選びと売上予

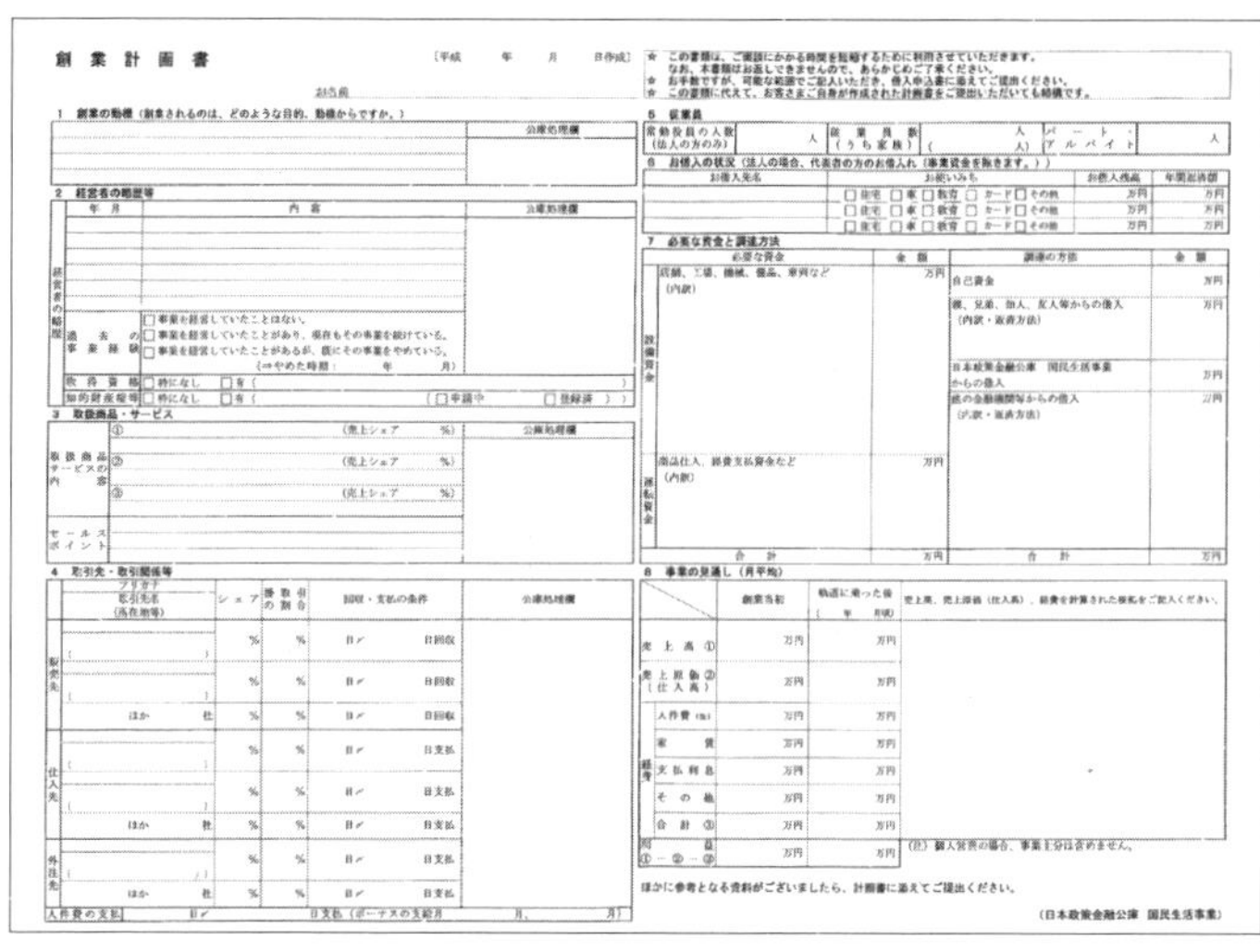

創 業 計 画 書　〔平成　　年　　月　　日作成〕

お名前

☆ この書類は、ご面談にかかる時間を短縮するために利用させていただきます。
なお、本書類はお返しできませんので、あらかじめご了承ください。
☆ お手数ですが、可能な範囲でご記入いただき、借入申込書に添えてご提出ください。
☆ この書類に代えて、お客さまご自身が作成された計画書をご提出いただいても結構です。

1 創業の動機（創業されるのは、どのような目的、動機からですか。）

	公庫処理欄

2 経営者の略歴等

	年 月	内 容	公庫処理欄
経営者の略歴			
	過去の事業経験	□事業を経営していたことはない。 □事業を経営していたことがあり、現在もその事業を続けている。 □事業を経営していたことがあるが、既にその事業をやめている。 （⇒やめた時期：　年　月）	
	取得資格	□特になし　□有（　）	
	知的財産権等	□特になし　□有（　（□申請中　□登録済））	

3 取扱商品・サービス

		公庫処理欄
取扱商品サービスの内容	①　（売上シェア　%）	
	②　（売上シェア　%）	
	③　（売上シェア　%）	
セールスポイント		

4 取引先・取引関係等

	フリガナ 取引先名 （所在地等）	シェア	掛取引の割合	回収・支払の条件	公庫処理欄
販売先	（　）	%	%	日〆　日回収	
	（　）	%	%	日〆　日回収	
	ほか　社	%	%	日〆　日回収	
仕入先	（　）	%	%	日〆　日支払	
	（　）	%	%	日〆　日支払	
	ほか　社	%	%	日〆　日支払	
外注先	（　）	%	%	日〆　日支払	
	ほか　社	%	%	日〆　日支払	
人件費の支払	日〆	日支払（ボーナスの支給月　月、　月）			

5 従業員

常勤役員の人数（法人の方のみ）	人	従業員数（うち家族）	人（　人）	パート・アルバイト	人

6 お借入の状況（法人の場合、代表者の方のお借入れ（事業資金を除きます。））

お借入先名	お使いみち	お借入残高	年間返済額
	□住宅 □車 □教育 □カード □その他	万円	万円
	□住宅 □車 □教育 □カード □その他	万円	万円
	□住宅 □車 □教育 □カード □その他	万円	万円

7 必要な資金と調達方法

	必要な資金	金 額	調達の方法	金 額
設備資金	店舗、工場、機械、備品、車両など （内訳）	万円	自己資金	万円
			親、兄弟、知人、友人等からの借入 （内訳・返済方法）	万円
			日本政策金融公庫　国民生活事業からの借入	万円
			他の金融機関等からの借入 （内訳・返済方法）	万円
運転資金	商品仕入、経費支払資金など （内訳）	万円		
	合 計	万円	合 計	万円

8 事業の見通し（月平均）

		創業当初	軌道に乗った後（　年　月頃）	売上高、売上原価（仕入高）、経費を計算された根拠をご記入ください。
売上高①		万円	万円	
売上原価②（仕入高）		万円	万円	
経費	人件費（注）	万円	万円	
	家賃	万円	万円	
	支払利息	万円	万円	
	その他	万円	万円	
	合計③	万円	万円	
利益 ①－②－③		万円	万円	（注）個人営業の場合、事業主分は含めません。

ほかに参考となる資料がございましたら、計画書に添えてご提出ください。

（日本政策金融公庫　国民生活事業）

「日本政策金融公庫」の「創業計画書」

測・競合店調査等一つひとつをきちんとまとめて、しっかり記入していけば、融資が通りやすい事業計画書を作ることができます。

あとは、あなたの自分のオープンしたいお店に対する熱意をどれだけ融資担当者に伝えきれるか、です。

また、パン屋で働いている方は当然働いた上で習得したポジション・実績などを記入すると融資は通りやすくなります。未経験者で創業計画書を記入する場合は、パン屋で働いた実績がないので融資が通りにくいようです。そういう場合にはコンサルタントにお願いして、指導を受けて出店することをアピールすると融資は通りやすくなるようです。本書を読んでいただいている方で、未経験者で創業計画書を記入する方は遠慮なく私に相談してください。

自分の理想とするお店の成功を目指し、資金面、熱意を固めていきましょう。

❾ 借りずにもらえる！　開業資金の集め方。0円で開業する方法

最後に、借りずにもらえる開業資金の集め方を紹介します。

それは、「クラウドファンディング」を利用する方法です。

クラウドファンディングとは、インターネットのサイト上でプロジェクトを公開し、興味のあるユーザーが支援者となって寄付、または商品を購入し、資金調達を行なう仕組みです。

プロジェクトで支援者が寄付・購入した額に対して決められた手数料を後からクラウドファンディング運営会社に支払えばいいので、まったくリスクはありません。大手でいうとCAMPFIREさんやreadyforさんmakuakeさん等があります。

クラウドファンディング会社によって、ユーザー数、手数料や得意とするジャンルが違います。クラウドファンディングの目標額達成のポイントは常日頃からお客様との関係性

を持っておくことです。Facebook の友達や instagram のフォロワー数が達成のカギを握ります。日々の営業の中で、いかに信頼を勝ち取っているかが大切です。新規オープンで顧客がいない場合は、個人の Facebook で告知やクラウドファンディング会社が自分の住んでいるエリアで代理店を立てている場合は、その代理店の媒体を使って告知してもらうことも可能です。クラウドファンディングをすることで、確実にお客様の確保につながりますのでぜひチャレンジしましょう。

次に、0円で開業する方法についてご説明します。これは、あくまでも小規模店舗の考え方でのやり方です。

開業費用をかけずに0円で開業する方法は、「シェアキッチン」や「パン屋」「ケーキ屋」さんと提携し、その工場を借りて製造したものを自分の販売できる場所で移動・卸販売する方法です。

よく、「インターネットで自分が作ったパンや焼き菓子を販売したい」と相談されます。作ったパンや菓子類を販売する場合は、出店するエリアの保健所から「菓子製造業」の営業許可をもらわなければなりません。自分で営業許可を取るには、お店を確保し機械を購入し、図面をひいて保健所に申請後に検査に通ることが必要です。このやり方では費用と手間がかかってしまいます。そこで、営業許可を持っている「シェアキッチン」「パン屋」

「ケーキ屋」と提携することで、提携店の指導の元、製造販売を行なうことができるのです。

インターネットや卸販売時には原材料表記や製造責任者の表記を行ないます。この方法の利点は、開業費用を0円で開業できることです。最初は単発の出店ですが何回も繰り返すうちに、必ず顧客（ファン）がつくようになります。自分のファンを確保してから固定店舗に出店することもできるので、費用をかけずにパン屋をオープンできます。また、軌道に乗ってからの出店なので、ほぼ費用もリスクも「ゼロ」で出店できます。

このように、出店の方法や店舗規模により開業資金は違ってきます。しっかりしたコンセプトを設定し、自分がやりたいお店をイメージし、店舗スタイル・規模に応じて必要な費用を算出し、融資を受け安定した運営を行なって、パン屋開業を成功させましょう。

5章　夢に日付を！　開業スケジュールを作ろう！

❶ 夢を現実にする！　開業時期の決定

いま、本書を手に取って読まれている方は「自分がいつ開業する」というオープン時期をはっきり決めている方は少ないのではないかと思います。私がコンサルティングで相談を受ける場合に、必ず最初に確認するのが開業希望時期です。パン屋開業を目指す方は本当にいろいろな職種の方がいらっしゃいます。

・会社員の方で、早期退職してパン屋をやりたい方
・主婦の方でパンが好きな方
・料理教室・パン教室の先生
・料理教室・パン教室の受講生
・移住先の職業としてパン屋をやりたい方
・海外に住む日本人で、「日本式パン」を海外で出店したい方
・週末起業で、小さいパン屋をやりたい主婦の方
・インターネットでパンを販売したい方
・パン事業に参入したい障害者就労支援施設

・新規事業としてパン事業に参入する法人
・製パン会社勤務で、全ポジションを習得できておらず、製パン技術習得のため勉強に来る方

など、未経験者、経験者を問わず来られます。しかし、意外に「オープン希望はいつですか？」と聞いても、はっきり決めていない方がほとんどです。これはコンセプトにおいても同じことが言えます。

「どんなお店をオープンしたいか具体的に教えてください」と言って「コンセプトシート」に記入してもらうと、急に書けなくなってしまう方が多くいます。

私は、自分のお店で働く方と面接する場合に必ず言うことがあります。それは「目標を持つこと」の大切さです。具体的な目標も持たずに1日を過ごし、「今日も何もできなかった」と過ごす毎日では何の進歩もありません。しかし、「目標」を持つことで成長することができるようになります。目標に向かって努力していっても、マイナスの日もあればプラスの日もありますが、トータルして見てみると、必ずプラス（成長している）になっているのです。

「今日1日」を大切にすることが、ひいては「自分の人生」を大事にすることであると、私は信じています。1日1日の積み重ねです。人生で有限な時間。その大切な時間の大部

分を占めているのが仕事です。

同じ時間を使うのであれば、仕事を通じて「人間的な成長」をして「仕事を楽しんで」もらいたいと考えています。そして、その「仕事」が「自分がやりたい仕事」にしてほしいのです。

「自分がなりたいものにしかなれない」月並かもしれませんが真実です。自分が思い描いたことが、そのままに人生は進んでいきます。だからこそ、「なりたい自分」をしっかりとイメージして自分の夢を実現させていきましょう。

「パン屋をやりたい」という夢があるならば、いつまでに実現したいのか?（そして、どんなお店にしたいのか）を明確にして、オープン予定日を決めましょう。

この章では「開業スケジュール一覧表」を元にオープンまでにするべきことを細かく説明していきます。添付資料はハード系の流れですので、ソフト系の説明もところどころに入れていきます。

「開業スケジュール一覧表」は180日前（6ヶ月前）からのスケジュールになっています。

2章で自分のお店のコンセプト設定や内外装・店舗レイアウト等のイメージを具体化し、3章で物件取得を競合店調査も含めて勉強し、4章で開業資金の算出及び開業資金準備を

■ 1-4　開業スケジュール　ハード部分の流れ

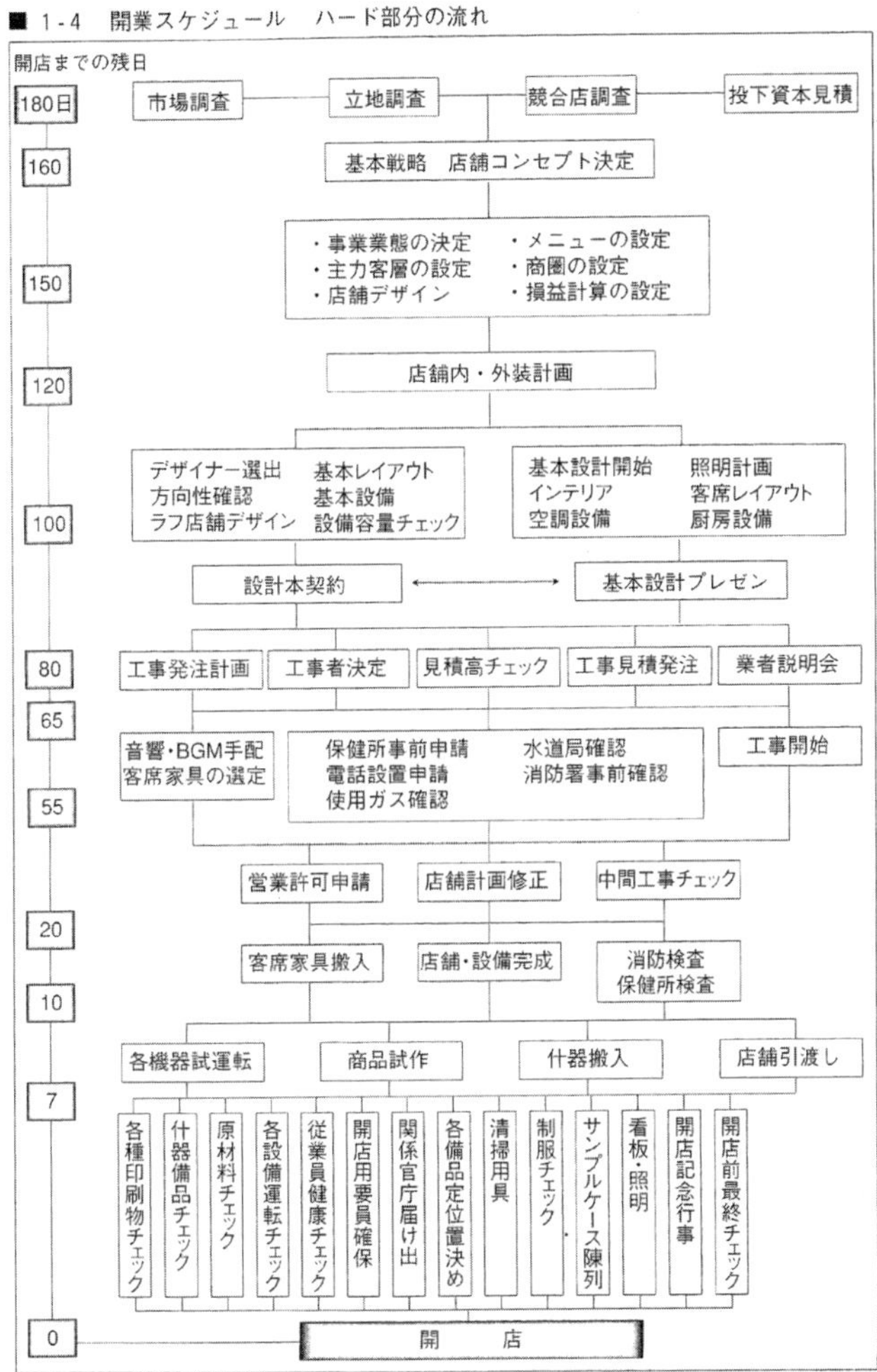

「開業スケジュール一覧表」開業スケジュール一覧表
日本フードコーディネーター協会編「プロのためのフードコーディネーション技法」より

学びました。

店舗は、ソフトとハードの準備が整って初めてお店として稼動します。どちらもぬかりなく準備することが大切です。

準備を計画的に進めていくためにはスケジュール管理が重要になります。「開業スケジュール一覧表」を参考にしてスケジュールを組み、漏れのない開業準備を行ない、店舗オープンを成功させましょう。

私が14坪の店舗をオープンしたときは、3ヶ月で0からオープンまで仕上げました。経験や人脈があるならば、ハードづくりにはそれほど時間はかかりません。

初めて店舗をオープンする方は特に立地調査・コンセプト設定に力を入れてください。特に、立地を見誤ると立地の悪さによる売上ダウンを取り戻すために必要以上の労力がかかります。

逆に立地がよければ、ソフト面のブラッシュアップで売上げを伸ばせるので、成功しやすいです。

開業スケジュールを解説していきます。するべきことを理解し、漏れがないか確認をしましょう。

❷ 開業まで180日　市場調査

① 市場調査

まず、自分が出店するエリアを決めます。自分が一番動きやすいエリアであり、売上げが見込めるエリアを探します。出店エリアの地方自治体の統計課の公表する最新の人口数、世帯数を調べます。

また、出店エリアの地方自治体の図書館では、統計課の公表する統計データーより詳しい町ごとの人口分布データや世帯数、年齢分布、昼間人口・夜間人口等が半径数キロ単位で表示されているものを無料で閲覧可能です。

最新の詳細地域データを見て、出店エリア・物件を決定します。

通常、出店場所はやはり生活の拠点がある自分が住んでいるエリアになると思います。そのエリアで売上げが見込めるエリアを探します。常日頃、駅や学校、市役所等の庁舎、企業ビル、商業施設や住宅街の分布等、昼間人口、夜間人口の推移をチェックしておくことを心がけてください。

② 立地調査

お店の売上げを左右する一番大切な仕事です。

実際に、お店の前で通行量調査や客層調査を行ないます。お店の左右どちらの方向から何名、男性か女性、会社員ＯＬか一般人かファミリーか単身かなど、平日土日、早朝出勤時間帯から会社員の退社時間帯まで行ない、どのぐらい客数のパイがあるのかターゲット客層と合致するかを調べます。

商工会議所などで年に数回、通行量調査を行なっていますので、それも合わせて参考にします。

また、近隣のお店への人の流れの聞き込み等を行ない、自分が選ぶ物件で売上げが見込めるかを調べます。２０２１年９月のネット記事では、「店舗流通ネットとMILIZEが、飲食店の売上予測を行なう『ＡＩ店舗開発プロジェクト』を始動しました」と取り上げられています。売上予測と実際の売上げの誤差は、10％以内の実証を目指したシステムです。ＡＩを活用した売上予測ができるようになれば出店リスクも減らし、人力での通行量調査という複雑な作業も必要なくなります。今後は「ＡＩによる売上予測」に注目です。

ベッカライ長崎元船店　出店候補時の外装
市場調査・立地調査・競合店調査を行ない決定

③　競合店調査

競合店調査は3章で説明した通り、出店する予定の同一エリアでのパン屋（コンビニエンスストア、飲食店なども含めて）の売上げや営業状態を調べることで、自店舗の売上予測や差別化したコンセプト設定に役立てます。お客様の満足度の方程式に当てはめて、競合店のどこが優れていてどこが弱いのか？　客観的に判断して、自店舗のお店づくりをする際にお客様の満足度の高いお店を目指します。

④　投下資本見積り

投下資金とは資本費用を求める際に使うもののひとつで、「お店を作る際に投下されている資本金額のこと」です。お店が事業活動を行なうときに使用している資産のことで、お店をオープンするにあたり、どれぐらいのお金が必要になるかを見積もり、その金額で融資の申し込みを行ないます。

❸ 開業まで160日 コンセプト設定

この項目では、2章で使用した「コンセプトシート」を記入していきましょう。

① 基本戦略 店舗コンセプト決定

まず、お店の方向性を決めます。競合店調査で他店舗のコンセプトを調べて 競合店と差別化されたコンセプトにします。

一例として私のお店「ベッカライ 長崎」の場合は、江戸時代日本でのパン発祥の地、樺島町近くに店舗を構え、「日本最古のパン屋の復元店」をコンセプトにしました。

また、合わせて人口流出数全国ワースト1の長崎市の人口減少を補うことを目的として、コンセプトに沿った外装にすることで観光名所にし、観光人口を増やし、かつ障害者の就労支援を行なえるお店づくりを行ないました。

聞　2019年（令和元年）7月9日　火曜日　紙面編集・副島宏城

観光で障害者就労増を

長崎のパン屋「発祥の地」に新店舗

障害者を積極的に雇用している長崎市内のパン屋が8日、新しい工房兼店舗を同市元船町にオープンした。「日本のパン発祥の地」を意識した商品や店舗外装で観光客を呼び込み、より多くの障害者が働ける場を確保しようとしている。

合同会社「スローフードファクトリー長崎あぐりの丘」は、就労継続支援A型事業所として従業員14人中6人が障害者。市内4カ所で「石窯工房AGRI」を展開し、このうち「あぐりの丘」（同市四杖町）内にあった生産拠点を元船町へ移した。

A型事業所の運営は資金的に苦しく、市内でも少ない。人口減少による経済の低迷や障害者の就労難という地元の課題に対し、オーナーの西島直孝さん(46)は「名所をつくり観光人口を増やせないか」と考えた。

同社は江戸時代のパンを再現した「出島パン」を販売している。新店舗は、鎖国下でパン製造を唯一認められ、出島に納めた業者がいたとされる場所の周辺に構えた。当時の洋風建築をモチーフに格子状の装飾を外観に施した。名称は「ベッカライ・ナガサキ」。ベッカライはドイツ語でパン屋を意味する。

ベーカリーカフェとしてモーニング(380円)はパニーニサンド、ランチ(800円)は辛口の黒カレーを店内で楽しめる。アルコール類も提供する。

運用資金をクラウドファンディングサイト「FAAVO（ファーボ）長崎」で募る予定。西島さんは「観光客が増え、障害者の働く場所も増えるように支援をお願いしたい」と呼び掛けている。　（後藤敦）

「日本のパン発祥の地」周辺で新店舗を構えた西島さん＝長崎市

② 事業業態の決定

バラエティパンのお店か専門店か？　ベーカリーカフェか？　レストラン・カフェを主としてサブとしてパンを出すお店か？　ちなみに「ベッカライ　長崎」はカウンター6席をつけたパン販売主体の「ベーカリーカフェ」にしました。

③ 主力客層の設定

出店店舗に面する道路の通行量調査を行ない、客層をチェックし自分が狙う主力客層と合致しているかを調査し、地域の主力客層を設定します。パン屋さんの主力客層は女性であり、出店エリアにより社会人が多いのかファミリーが多いのかをチェックし、主力客層を決定して下さい。

④ 店舗デザイン

自分が設定したコンセプトに基づいた店舗デザインを行ないます。イメージをデザイナーに伝えてデザインしてもらうのが一般的です。無添加、自家製天然酵母の手づくり感を出すお店でしたら、木目を内装に入れたりワンポイント緑を入れたりします。

アマムダコタンさんのホームページには、「石の町にある 小さなパン屋さん。扉を開くと、架空の世界に迷い込んだかのよう。ワクワク楽しい 自分だけの物語の始まりです。」と書かれています。その世界観に沿った石造りをイメージした店内にドライフラワーが並び、わくわくするデザインになっています。コンセプトにマッチしたデザインの成功事例です。

⑤ メニューの設定

コンセプト・ターゲット客層に応じたメニュー構成を決めていきます。

大前提は、専門店であるかバラエティブレッドを出す店かを決めることです。専門店は

アマムダコタン表参道店

専門商品に特化したラインナップ。バラエティブレッドはコンセプトを打ち出すメニューをメインに考えていきます。

　自家製天然酵母・長時間熟成発酵・高加水・手づくりフィリング等をコンセプトにするならば灰分が多い黒いフランス系や

ライ麦パンを自家製天然酵母、長時間発酵、高加水で作成し、それをベースとして、立地がオフィス街で社会人の立地の場合は、手づくりフィリングの調理パン系を多く揃える店に。立地がファミリーの立地だったら、食事パンや菓子パン系も揃えるようにメニューのラインナップを考えます。

⑥ 商圏の設定

出店店舗の第一次商圏は半径500m（徒歩）で、車を使う場合は店舗より3km～5kmを商圏と考えます。出店店舗の地図に半径500m、3km、5kmで円を描き、商圏内に存在するターゲットとなる客層やお客様の導線をつくる駅や学校、商業施設、企業ビルを確認します。

私が立地出店に失敗した例があります。「石窯工房アグリ浦上駅前店」です。このお店は4年で撤退しました。長崎県内で5番目の約5000人の乗降者数である浦上駅と大型商業施設「ここウォーク」を半径500m以内に据えた店でしたが、店舗のある駅側の近隣住民の人口が極端に少ないことは最初からわかっていましたが、浦上駅と商業施設の間に店舗があることで、社会人・学生・ファミリーが取れると思っていました。

しかし、浦上駅にはトランドールがあり、商業施設にはパン屋があり、ワンストップで

石窯工房あぐり「浦上駅前店」内外装　店舗取得費用　機械購入費用すべて合わせて500万円で作ったテスト店。店づくりの未熟さに加えて立地、間口の狭さ等で失敗した店

買い物をするお客様にとって、中途半端な導線上の単店は利用しづらいお店でした。

昼間人口だけでなく夜間人口、周辺住民の人口、競合店のしっかりとした下調べと、なるべく競合店とは距離を置くこと（または競合店を避ける）や差別化戦略の大切さを勉強しました。商圏分析は大切です。立地調査・競合店調査を必ず行なってください。

⑦ 損益計算の設定

4章で作成した創業計画書に含まれます。売上予算と経費を算出し、利益の出せる店になるように計画を立てます。

❹ 開業まで120日　店舗・内外装計画

・店舗内外装計画

前項目「店舗デザイン」と同じです。コンセプトに沿って内外装の方向性を決めます。

↓

・デザイナー選出

・方向性確認

・ラフ店舗デザイン記入

複数のデザイナーに店のコンセプト、方向性を示しラフデザインを出してもらい、イメージに合ったデザインをするデザイナーを選考します。

（基本設計プレゼン⇓基本設計本契約）

デザイナーの役割を明確にし、見積もりを出してもらい決定します。

・基本レイアウト記入

店の販売台と導線、厨房の作業導線を考えた機械配置のレイアウトを決めていきます。

↓

ベッカライ長崎元船店外観イメージ
明治の洋風建築をモチーフに格子状のアーチの装飾を外観に施
しています

・基本設備確認・厨房設備
　厨房機械等を確認・決定します。

　この時点で、厨房機械の見積もりを取り、機械の型番、電気容量、コンセントの形を確認しておきます。

↓

・設備容量チェック
　パン専用機械に対し、電力容量のチェックを行ないます。パン専用機械は200Vの大容量の機械が多いです。

（200V動力機械）
・ミキサー
・モルダー
・オーブン
・ホイロ
・ドウコンディショナー

・空調設備

＊各機械の見積もりに記入している200V動力の電気容量を足していき、すべて合わせて何キロの動力が必要かを出し、現状の電力容量で足りない場合は電力会社に連絡し、契約電力容量を増やす（100Vも同じ）。

出店エリアによっては、動力がひかれていない場合もあり、その場合は動力を一番近くの線から引っ張ってこないといけないので費用も時間もかかる。ですから、出店候補物件が決まった時点で動力容量と電力容量アップが可能かを早めに確認してください。

↓

・基本設計開始

デザイナーに図面を作成してもらった後に、現場でする作業は「墨出し作業」です。図面に書かれている機械の寸法通りに墨を引き、実際の現場で寸法に誤差がないのか動線を確保できるかチェックを行ない、そのつど訂正して墨を引いて図面の修正をしながら、最終的に図面を完成させます。

↓

・インテリア・客席・販売スペースレイアウト・照明計画

デザイナーに図面を出してもらい、導線やイメージを調整します。

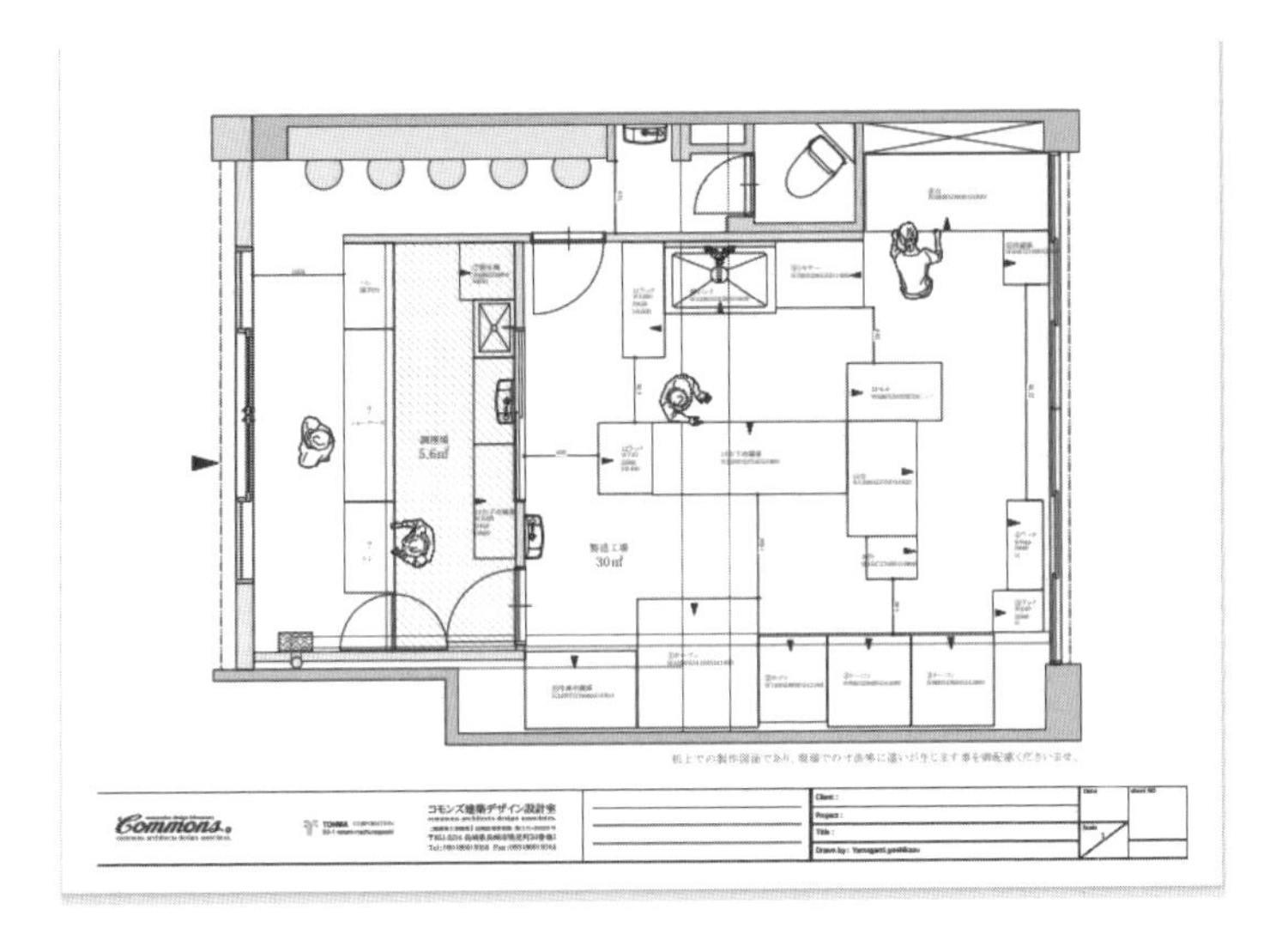

素晴らしいデザインをしていただける

「コモンズデザイン Office」

店舗デザインならこちらにお問い合わせください。

https://commons.bz/

ここまでのスケジュールが一番重要です。

これまでをまとめると、市場調査に始まり出店候補地を決め、出店候補地の立地調査や競合店調査を行ない、利益が出るお店かどうかを判断します。利益が見込めるなら、資本投下金額を決めて銀行融資を申し込みます。並行してコンセプトを決め、コンセプトに基づいた店舗内外装デザイン・図面や厨房機械の選定、メニューづくりを行ないます。

スケジュールの上では、ちょうど全体のスケジュールの半分の日数ですが、ここまでできていれば後は難しくはないです。あと半分。オープン成功目指して頑張りましょう。

❺ 開業まで80日　工事業者決定・発注・工事開始

・工事発注計画

デザイナーの図面に基づき、どの部分をどの業者に発注するか計画を立てていきます。

○天井・壁・玄関・木装飾⇓大工
○販売台・ドア・玄関⇓建具屋
○床下地コンクリならし⇓左官屋

○床材張り・壁クロス張り⇓クロス業者
○電気設備⇓電気業者
○水道設備⇓水道業者
○塗装工事⇓塗装業者
○看板工事⇓看板業者

等が大まかな業者の役割です。

一括して内外装施工業者に頼む場合は、内外装施工業者の現場管理者と話し合います。

・見積り高チェック

・工事者決定

各業者に見積もりを出してもらい、工事業者を決定します。

（できれば、複数の業者に相見積もりを取った方が相場を確認できます。相場をわかっていないと、法外な見積もりを提出する業者がいるので気を付けましょう。相見積もりで相場を確認してください）

・工事発注

工事業者に発注します。

・業者説明会

現場監督がいる場合は現場監督が、現場監督の役割をデザイナーが兼任する場合はデザイナーが、全業者を集めて作業スケジュールのすり合わせを行なって説明し、皆でスケジュールを共有し、スケジュール通りに工事を進めます。

その物件がスケルトンの場合、スケルトンの状況にもよりますが、水道業者に先に入ってもらいます。水道管の位置を確認し、配管図面作成して水道管を設置していきます。コンクリートをはつって（削って）水道管やグリストラップを床下に埋める等、大掛かりな作業となり、水道工事が終わらないと他の工事ができません。

水道工事が終わった後に、大工さんの天井張り、電気業者さんの電気配線、空調設備設置、大工さんの壁作り、建具屋さんの建具玄関・ドア作成。床下地コンクリートが歪んでいる場合は、左官屋さんにならしてもらった後に上に据える販売台等建具屋さんが設置。床張り、壁クロス張り、塗装業者、看板業者、仕上げという段取りになります。

水道屋さんの水道管設備工事

大工さんの天井下地作り

大工さんの天井張り

大工さんの壁枠組み

大工さんの壁パネル張り

建具屋さん・大工さんによる表玄関建具作成

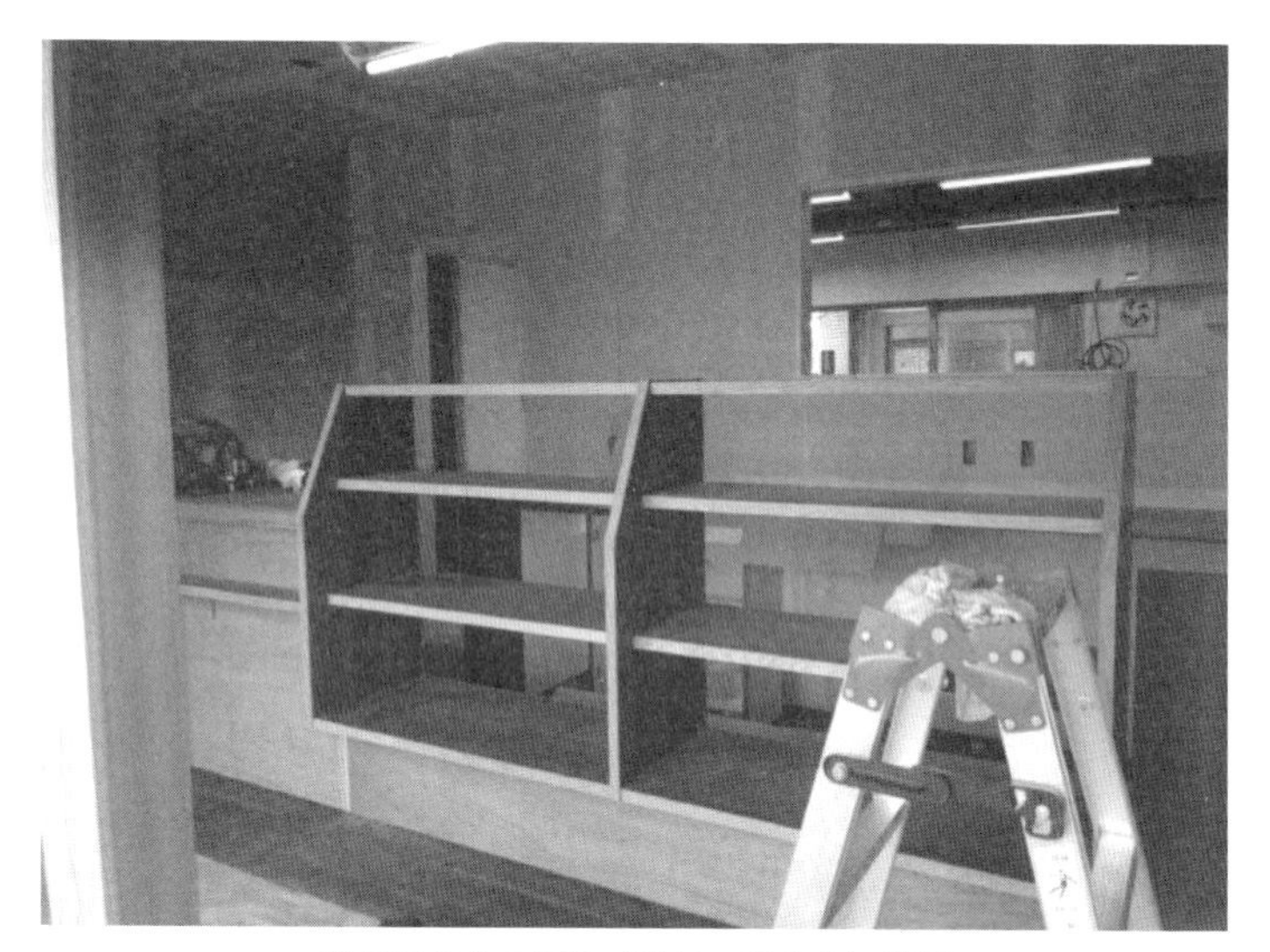

建具屋さんの家具（建具・販売台）設置

左官屋さんのコンクリ下地ならし・家具タイル張り

クロス屋さんのクロス張り

看板屋さんの看板作成

スケジュールを共有して、説明した後も毎日進捗状況を確認し、予定通りの工期で工事を終了するようにしましょう。

❻ 開業まで60日　保健所・消防署事前確認など

●音響ＢＧＭの手配

有線放送を有線会社に依頼するか、自分でＢＧＭを手配するかを決めます。

有線会社に依頼する場合は、インターネット回線や監視カメラ、レジ周り商品、キャシュレス決済、勤怠管理システム、予約システム、等と連動したサービスを提供していますですから、予算に応じてどのサービスを利用するかを決めてください。

●客席家具の選定

ベーカリーカフェ等の形態のお店では家具を選定し設置します。

●保健所事前申請（確認）

自分のお店の所在エリアの保健所に行き、図面を確認してもらい問題がないかをチェックしてもらいます。

●電話設置申請

ＮＴＴに連絡して電話回線を設置する手続きを行ないます。

●使用ガス確認

都市ガスかプロパンガスかを確認し、ガス業者とガス設備の設置手続きスケジュールを確認します。

●水道局確認

水道栓開栓のスケジュールを確認します。

●消防署事前確認

自分のお店の所在エリアの担当消防局に行き、必要書類や必要要件の確認を行ないます。

⑦ 開業まで30日　許認可申請・店舗計画修正・中間工事チェック

●営業許可申請

この時点では機械が搬入されていませんが、搬入する前であっても、営業許可の申請は可能なので、申請を行ないます。法人の場合には、登記簿謄本が必要な場合もあるので、行く前に保健所に連絡を入れて必要書類を確認の上行ってください。また、営業許可申請費用と食品衛生協会費用も必要になります。この金額も併せて事前に聞いておいたほうがいいでしょう。

申請を済ませた後、保健所の検査日を決めなくてはならないので、あらかじめ検査希望日を決めておき伝えてください（保健所から改めて連絡してもらうケースもある）。

●店舗計画修正

●中間工事チェック

工事の進行状況や施工チェックを行ない、工事がきちんと進んでいるかを確認します。消防署の検査基準を満たしているかもチェックしてください。

❽ 開業まで2週間　機械搬入・客席家具搬入・店舗設備完成・保健所検査・消防検査

●機械搬入　客席家具搬入

●店舗・設備完成

いよいよパンの専用機械を搬入します。機械の寸法を確認の上、搬入経路を搬入業者と

事前に打合せしておきます。通常機械販売業者が搬入・設置を行ないますが、搬入業者が、排水管給水管の接続、電気配線の接続までしてくれるかの確認を事前に行なっておいてください。搬入・設置だけの業者の場合は、こちらで水道業者・電気業者に立ち会ってもらい接続を行ないます。

●消防検査・保健所検査・営業許可取得

機械の搬入・設置が終わったら、店舗にて消防検査と保健所の検査を受けて営業許可を取得するようにします。当日に許可証の発行は行なわれません。後日、保健所に取りに行くか郵送かを選び、許可証を取得します。

⑨開業まで1週間　各機械試運転・商品試作・什器搬入・店舗引き渡し、開店前チェック

●各種印刷物チェック

オープンチラシ・店舗紹介リーフレット・ショップカード・スタンプカードなどを準備します。

●什器備品チェック

レジ回り・販売台周りの什器などを確認します。

●原材料チェック

原材料の発注を行ない、食材が不足していないかをチェックします。

●各設備運転チェック

パン専用機械の試運転を行ない、故障がないかチャックします。とくにデッキオーブン

ユニック車のクレーンでパン専用機械を運びます

クレーンから降ろした後は、ハンドフォークリフト等を使い人力で設置します

の場合、各オーブンの「スチーム」がきちんとかかるか？　調整に応じたスチームの量のチェックを行ないます。

また、赤外線温度計を使用し、実際のオーブンの温度と実温度の差がないかをチェックします。

同様に、ホイロ、ドウコンディショナーの設定温度と実際の温度の差がないか？　湿度は適正かを確認します。

●従業員健康チェック

従業員の健康状態を確認します。コロナ禍では、体温チェックと自覚症状の有無の確認を行ないます。

●開店要員確保

リクルート活動（求人広告・面接・採用・トレーニング）を行ない、必要人員を確保するようにします。

●関係官庁届出チェック

ここで保健所・消防署の許可証の確認をするようにしましょう。そのほかにも各種補助金申請などの確認をします。ベーカリーカフェの場合は飲食店営業許可証を取得しなければなりませんので、飲食店時短営業補助金などの対象となる補助金はチェックして手続きを行ないます。

●各備品定位置決め

2S3定の実施。

2S（＝整理整頓）、3定（＝定品、定量、定位置）定められた物（何）を定められた位置（何処）に定められた量（どれだけ）置くかを決めます。

●清掃用具チェック

掃除道具がきちんと準備してあるかを確認します。

●制服チェック

従業員全員に制服が支給されているかを確認します。

●サンプルケース陳列

サンプルを出す場合は、それらが準備できているかを確認します。

●看板・照明チェック

看板、照明がきちんと電球がついているか？　見えやすいかを確認します。

●開店記念行事

オープン記念イベントの準備がで

きているかを確認します。

●開店前最終チェック

これまでの項目の最終チェックを行ないます。

⑩ オープン前日・オープン日にするべきこと

オープン前にすることのひとつは、機械の試運転も兼ねて、焼いたパンを近隣エリアの企業やお店に配り、あいさつ回りを行なうことです。なるべく多くの事業所を回り、認知してもらいましょう。また時間的に余裕があれば、「レセプション」日を設けて、SNSで影響力のあるインスタグラマーを招待し、パンをプレゼントして記事をインスタ投稿してもらい、オープン情報を拡散してもらいます。

オープン当日はお祝いのお花が贈られたりしますので、花を受けとる担当を決めておき、オーナーが全体を見られる状況にしておきます。お花は期間限定の販売促進であり、効果がありますので、取引業者になるべくお花を送ってもらうようにします。

オープン当日のイベントは、「先着○○名様に特製ラスクプレゼント」など、何かをプレゼントをしてください。オリジナルロゴの入ったエコバックでもいいです。オープン当日のイベントは、必ずお客様の行列ができるので、行列を写真や動画を撮っておき、インスタ投稿することで、より多くの方が興味を持ってくれるようになります。

オープン前に「ニュースリリース」を行なうことで、当日新聞掲載やテレビ局の取材が入れば、より効果的です。ただし、一番力を入れることは「初日からおいしいパンをお出しすること」なので、クオリティが高いパンを出せるよう取り組みましょう。

以上がオープンスケジュールとなります。このスケジュールに沿って漏れがなく準備していきましょう。

お店のハード面をメインにお話をしてきましたが、ソフトである人材に関するリクルート活動（求人広告・面接・採用・トレーニング）は計画的に行なって人員を確保してください。

銀行融資も、開業資金調達の最重要項目ですので頑張りましょう。

オープンの際には私もそうでしたが、最初のお店を立ち上げるときは、わくわく感と不安が入り混じっています。「必ず成功する！」と「失敗したらどうしよう」という気持ちです。そんな時救ってくれるのが、「自分は何をやりたいのか」という志です。

「どういったお客様にどんな商品を提供し、どんなお店をやってみたいか」

自分の思いを形にして、ポリシーや思いを体現していくのが「お店」を作るということです。

自分が作るお店がどうありたいのか、再確認しましょう。

「お客様に喜んでいただけるお店を作りたい」という思いがあるなら、その思いを形にし、自己実現をする方法のひとつが「パン屋オープン」です。

「やりたいことを仕事にする」

「なりたい自分になる」

自己実現するために、お客様の笑顔が溢れるお店にして、パン屋開業を成功させましょう。

「セブンーイレブン」は、アメリカの1軒のパン屋さんからはじまりました。私がいた「びっくりドンキー」も、小さな1軒のハンバーガーショップからスタートしました。どんなに大きなお店でも、最初は1軒の小さなお店からスタートしています。ただひたすらに自分のお店に来ていただいたお客様1人ひとりを大切にした結果が、現在につながっているのです。ですから、可能性は無限です。

自分の理想のお店を作り、成功させ、「なりたい自分」になりましょう！！

フードコーディネーターの浅野先生と。

6章

コンセプトと連動した
オリジナル販売促進で売上げを上げる

❶ 販売促進とは需要を刺激すること

販売促進とは、販売（＝売上げ）を増加させるための行動になります。

あらゆる販売促進方法があり、お金をかけて行なうもの、お金をかけないで行なうものに分けられます。この章では、私がパン屋を経営する上で効果のあった販売促進方法を、なるべくお金をかけないやり方でご紹介していきましょう。

ただし、お金をかけないやり方は自分ですることになり、労力や時間がかかります。お金をかけるやり方は、お金を払いさえすれば業者が販売促進のすべてをしてくれます。ですから、紹介する方法でも資本に余力があれば業者に頼んだ方が早いです。自分でどちらかを選んで行なってください。（もちろん、必ずお金をかけないといけない販売促進物もあります。それは最低限度の必要な費用と思ってください）。

どちらを選ぶにせよ、2章で学習した競合優位性を元にしたコンセプトの設定が密接に関係してきます。コンセプトをしっかりと決めた上で販売促進策を考えて、実行していきましょう。

まず、初歩的なことになりますが販売促進についてご説明します。

ベッカライ長崎　需要を刺激する「パン食べ放題フェアー」

販売＝売りさばくこと。

促進＝関係者をうながして物事が早く運ぶようにすること。

　販売促進とは、「お客様が商品を購入することを促すこと」になります。

　私たちが住んでいる世界（市場）は、需要と供給によって成り立っています。

　需要とは買おうとすること。供給とは売ろうとすること、です。

まとめると、販売促進とは「お客様の需要を刺激し、購入動機として販売に結び付けること」になります。

「パンが大好き」（ふだんパンを買わない方にも）というお客様に、「こんなパンが食べたかった！」「このパンおいしそうだから買ってみたい！」と需要を刺激したことで購入したいと思わせて、購入に結びつける。そうした活動だということをまず理解しましょう。

❷ 知らないうちに買っていた。身近にある販売促進による消費活動

当たり前のことですが、私たちは常に消費活動の中で生きています。衣食住のサイクルの中で必ず消費するために何らかの販売促進の影響を受けています。販売促進というと、なんだか難しく思えますが簡単に考えてみましょう。

たとえば、

☆ここ1週間で自分が食品・物品を購入したとした場合、

・店名

・購入食品・物品が何だったか

・交通手段（徒歩・車）
・初めてのお店か？
・そのお店で買う理由

を思い出していきましょう。

たとえばスーパーでの食料品の買い物。自分の家から近いのか遠いのか？　交通手段は？　広告を見て行ったのか？　見ないで行ったのか？　初めて行くお店か？　何度も行ったお店か？

書き出していくうちにわかること。それは、必ず自分が何らかの理由で「お店を選んでいる」ということです。

飲食店やパン屋は小商圏でのビジネスになります。したがって、立地を選ぶ際に本当に「よい立地」を選ぶことが大切になってきます。消費者のお店を選ぶ理由のひとつに「お店が近い」ことが挙げられます。コンビニエンスストアの商圏と同じです。

自分の消費活動を通して考えてみましょう。いつも行くコンビニエンスストアを利用する動機の大部分が、「お店が近くて便利」という要素です。しかし、それだけが店舗を選ぶ理由ではないかもしれません。

よく考えてみれば、いつも行くコンビニエンスストアの近くに別のコンビニエンスست

アはないでしょうか？　もし、会社の近くに2件のコンビニエンスストアがあったとします。「セブン-イレブン」と「ローソン」があるとすると、あなたはどちらを選びますか？

全体的に明るく、全般的にどの商品へも力を入れているイメージを私は「セブン-イレブン」から感じます。

「ローソン」からは、「スイーツ」に力を入れていることや「糖質制限パン」を最初に導入したこと。「ナチュラル・ローソン」という健康志向ブランドを展開していることから、1つの商品カテゴリーに力を入れているイメージを持ちます。

こうしたことから、私はコンビニエンスストアを選ぶ際には「何を購入するか」で決めます。その日、スイーツを買おうと考えているならば「ローソン」を選びます。このようにお店が近い場合でも、競合店があるのであれば、そのお店の商品や品揃えの方針を自分自身で判断し、選んで購入することがわかります。

さらに、自分の徒歩商圏から遠く離れたエリアで商品を購入する場合には、「そのお店でしか買わない理由」があるはずです。その理由を「購入動機」として考えると、お店から何らかの販売促進の影響を受けていると思います。

・新聞に載っていた
・チラシが入っていた

・テレビで見た
・ラジオで聞いた
・買うとクーポン券がついてくる
・スタンプカードの特典がある
・季節ごとに商品が変わりワクワクする
・スタッフの笑顔が好き
・健康志向のパンがある
・アレルギー対応パンがある
・お店の雰囲気が好き

など、自分自身のそのお店に対する評価が、そのお店からの販売促進の1つであり、知らず知らずのうちに無意識にお店の与えている「需要を刺激する」影響を受けているのです。

そして、自分がお店をオープンする際（またはオープンした後）は、逆にお客様に販売促進を行ない、お客様の需要を刺激し購買意欲を喚起させ、購買という行動に結びつける仕掛ける側に立つことになります。

長々と書きましたが、要するにお客様の「ニーズ（必要なもの）」「ウォンツ（欲しい物）」

人気NO１「ダイエットパン・カンパーニュ」菓子パンに比べカロリー約30％カットした売れ筋パン。このパンの購入を目的に来るお客様を作ることが大切。

を理解したうえで、商品作りを行ない、お客様に知ってもらう活動を行ない、買っていただく。この知ってもらう活動＝「販売促進」を仕掛ける立場になって、お店を計画的に運営していきます。

では次に、具体的な販売促進方法について、ご説明していきたいと思います。

❸ これだけはやっておきたい販売促進

お客様の来店を促し、売上げをアップする販売促進の種類は数多くありますが、絶対に押さえておかなければいけないものをリストアップします。

・SNS（Instagram・Facabook など）
・グーグルマイビジネス
・食べログ
・Retty（レッティー）
・ホームページ作り
・SEO対策（ブログ被リンク）
・ショップカード・リーフレット
・折込チラシ（ポスティング）
・プライスカード（商品説明）
・POP（商品説明）
・A看板
・スタンプカード
・クーポン
・金券

・新聞広告
・地元タウン誌広告
・地元フリーペーパー
・TV取材
・ラジオ取材
・地元ポータルサイト掲載

①SNS（Instagram、Facebook）

現在、パン屋さんや飲食店でほとんどのお店が利用しているSNSツールはInstagramです。Instagramの特徴は画像や動画といったビジュアル要素でのコミュニケーションに特化している点であり、人気の理由の1つは「情報の発信が簡単なこと」です。スマホから写真を撮るだけで投稿できますし、ビジュアルが主ですので、ブログのように文章メインではないので、文章も短かく簡潔でいいです。またInstagramでは、「ハッシュタグ」を使うことも重要です。「ハッシュタグ」とは、「#」のついた文字列のことで、「タグ」をつけることができます。Instagramでは、「ハッシュタグ」をもとに情報を検索する人が多いため、集客にはとても重要な要素であり、ハッシュタグをつけることで、数多くの人に見てもらいやすくなるため、新たなフォロワー獲得のために文章の下にハッシュタグをつけるようにしましょう。

また、Instagram だけではなく Facebook を作成・利用することも大切です。Instagram が匿名で利用できるのに対し、Facebook は実名での登録が基本なので自分の信用を上げる役割を果たします。Facebook での「友達」は結びつきが強くなるので、クラウドファンディングの告知をする場合、効果を発揮します。Instagram で店舗を登録しお店の認知をしてもらい、Facebook でオーナー個人の名前で登録し、個人の信頼を高めてつながりを強固にしたうえで、店舗に来ていただくことも可能になります。

Instagram も Facebook もどちらとも有料で広告が出すことができます。Instagram、Facebook のどちらでも、ターゲットエリアやターゲットの属性など細かく設定できるので、的を絞った広告宣伝を行なうことによって、ターゲットの集客につなげることができます。

Instagram の集客の流れは、

(1) 投稿した写真・文章を見てもらう。

(2) Instagram のプロフィールのウェブサイトのリンクからウェブサイトに移動➡ウェブサイトを通販サイトにしている場合は、そこで購買、売上げにつながる（通販サイトはＢＡＳＥなど無料で簡単に作れるもので大丈夫）。↓ウェブサイトをホームページにしている場合はお店の情報を多く掲載して、安心感や購買意欲を持ってもらって来店してもらい購入、売上げにつなげる。

販売促進方法としての Instagram 活用とは別ですが、Instagram は情報収集のツールとしても使えます。今トレンドのパン屋さんの情報が Instagram には溢れています。コンセプト設定やメニュー設定の参考になりますので、人気のお店をチェックしましょう。

②グーグルマイビジネス

お客様は、テレビで紹介されたパン屋さんや気になって行けずにいたパン屋さん、または自分でおいしいパン屋を調べる場合、必ずインターネット検索を行ないます。

検索に「グーグル」を利用した場合、検索結果やグーグルマップ上に社名・店名・電話番号・住所・営業時間など、ビジネスの基本情報を無料で掲載できるのが「グーグルマイビジネス」です。（ブラウザが Yahoo の場合はヤフーロコ）

グーグルマイビジネスでお店を検索し確認したおよそ半数の人が、実際に検索したお店に行くと言われています。グーグルマイビジネスに登録するだけで、「集客増加」につながるので必ず登録することをお勧めします。無料で登録できます。

③食べログ

「食べログ」は日本最大級のグルメサイトで、ユーザーの口コミ写真をもとに、さまざまなジャンル、目的や予算にぴったりのお店が見つかり、ネット予約もできます。

店舗ホームページの代わりとして、Instagramのプロフィールに掲載するパン屋さんもあります。無料ですので、ぜひ登録しましょう。

④Retty

Rettyは国内最大の実名口コミサイトです。店舗掲載によって多くの新規顧客を獲得できる可能性があり、ユーザー同士がフォローし合えるSNSのような側面も持っているため、店舗情報が拡散されやすいです。また、口コミの信憑性の高さも特徴のひとつです。Facebook や Twitter、LINEなどのSNSやYahoo! JAPANのアカウントと連携しているので、店舗に寄せられる口コミはすべて実名投稿になっています。こちらも無料です。

⑤ホームページ作り

自分のお店の紹介や、きちんとしたポリシー・コンセプトを伝えるためにはホームペー

実際の私の事例■ホームページ
http://e-barger.com/startup_support/ （石窯工房あぐり　開業支援ページ）

ジを作ることが大切です。

私が無料でテレビやラジオでの取材などを受ける場合、その問い合わせは、私が運営するホームページを見た方やＳＮＳ（Ｉｎｓｔａｇｒａｍ・ブログ・Twitter・Facebook）を見た方からがほとんどです。

ホームページはドメイン取得費と

サーバー管理費が必要ですが、年間数千円程度なのでホームページを持つことは必須です。また、Instagram・ブログ・Twitter・Facebookとホームページを連動させることによって、情報が拡散され宣伝力が増し、お店やオーナーの考えが伝わり、より親しみやすく、ブランディングにもつながります。

最低限度のホームページとしてであれば、メニューが5・6ページぐらいの簡単なテーマ（枠組み）のホームページをワードプレスで安く作ることができます。

ホームページの作成には補助金が出るものがあるので、各エリアの創業支援の窓口、県庁、市役所の担当課などに相談するといいでしょう。

ドメインエイジ開設から13年ほど経過しています。年数が経つにつれて検索エンジンからの評価が高くなると言われていましたが、現在はコンテンツの充実が「お客様に有益な情報を提供している」ことが重視されていることは間違いありません。コンテンツの充実を行ないながら、ドメインエイジ（ドメインの年齢）が長い方がＳＥＯ対策でも効果的であると考えられます。

■レンタルサーバー：ロリポップ
■ドメイン：お名前.com
■ホームページと連動した物　ブログ（ロリップ併設のジュゲム／アメブロ）

■ＳＥＯ対策

ホームページ内での「長崎で美味しいパン屋」「美味しいパン屋」などのキーワードを設置。

ブログには1記事最後の文章に必ずホームページへのアンカーテキストリンクを貼っておく。アンカーテキストのキーワードをクローラに認識・評価させ、そのキーワードでの検索順位を向上させることが可能です。

実際に私は、自分のホームページに、アンカーテキストでのＳＥＯ対策を行ない、被リンクを２０００ほど貼りました「パン屋開業支援」と検索すると、私のホームページがトップページに来るようになっています。ただし、これらのことを自分で無料で行なう場合には時間がかかってしまいます。何度も言うようにコンテンツの充実があって、そのうえでＳＥＯ対策が成り立ちます。予算をきちんと確保し、ＳＥＯ対策を含めたうえでホームページ作成を業者に頼む方がきれいなホームページができて手間がかかりません。

⑥ブログ

ホームページの1つとして先ほども紹介したように、「ブログ」も丁寧に作り育てると、

アメブロ「飲食店パン屋開業成功。小さいお店で売上げを上げる唯一の方法」
https://ameblo.jp/f-pro1/entrylist.html

SEO対策に有効です。noteなど注目度の高いブログがありますが、私は「アメブロ」を使っています。どこのブログでもよいと思います。アメブロのよいところは、地域のコミュニティでつながることもできますし、何よりも雑誌や放送局の担当者が記事を見ていることがいまだに多く、取り上げてくれる可能性が高まります。

　アメブロからの無料で集客の事例は数え切れません。

・テレビ局からの出演オファー
・病院からの講演依頼
・コンサルタント依頼
・じゃらん・九州ウォーカーなどの掲載依頼などさまざまです。

　ホームページやブログは24時間いつでも見ることができるので、24時間働いてくれる営業マンのような存在と言えます。その活用法で大きな差が出るとも言えるでしょう。

活用する上でただ1つ言えることは、お店を作ることと同じで「自分が何を伝えたいのか」というしっかりしたコンセプトを、ホームページやブログに掲載することが大切なのです。

⑦ショップカード・リーフレット

お店の顔となるものなので、デザイナーに頼みましょう。

⑧折り込みチラシ（ポスティング）

新聞折り込みチラシは必須です。

お店オープンの告知方法としては、地方ではインスタ広告よりはるかに反響があります。

チラシ作成方法は次にようになります。
(1)チラシサイズを決める
(2)チラシで何を伝えたいか大まかな原稿・レイアウトを考える
(3)デザイナーに(2)を伝え、デザインしてもらう
デザイナーにお仕事を依頼する場合　デザインのみお願いする方法とデザインから納品

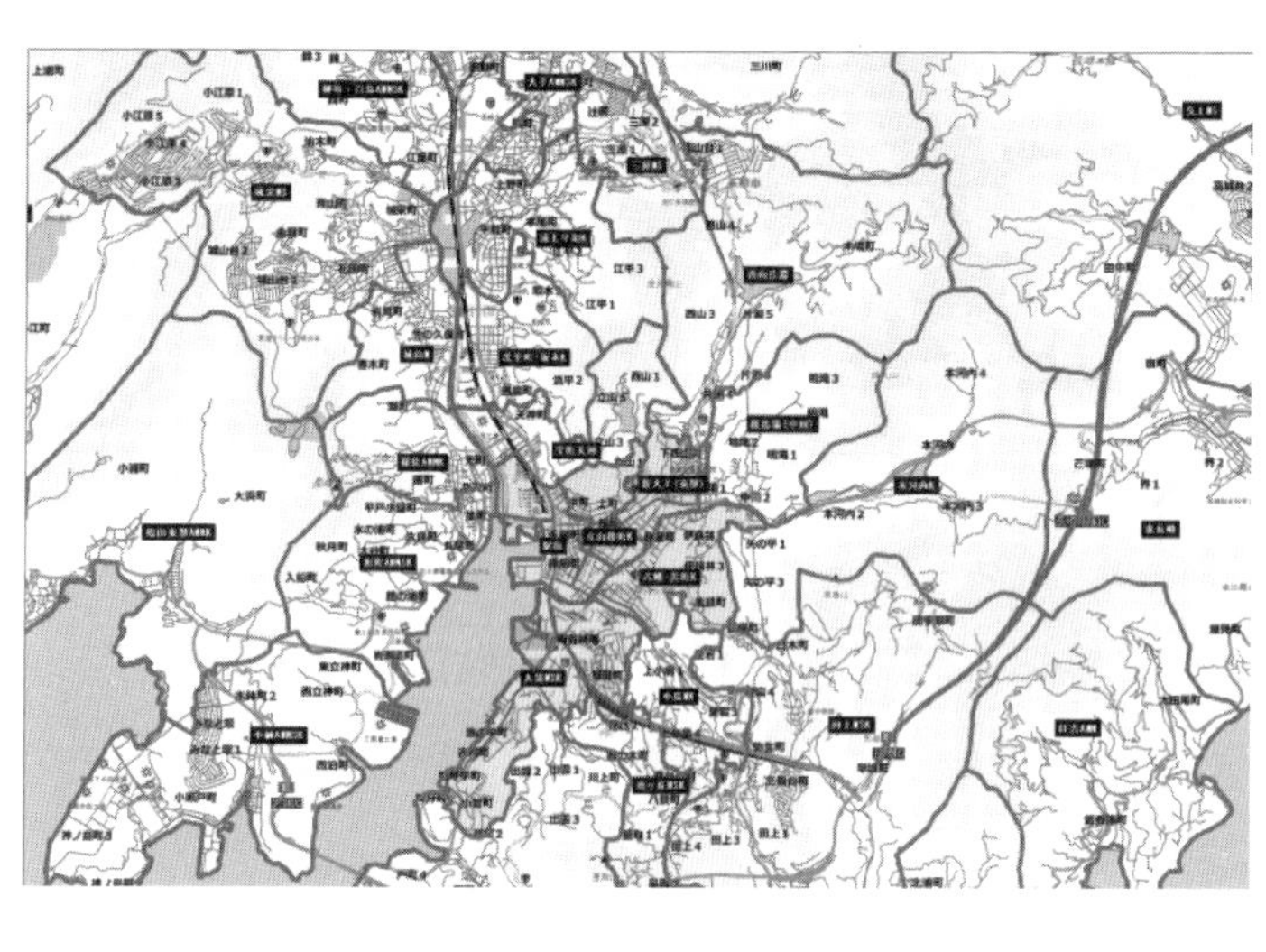

までお願いする方法があります。予算と手間を考えて決めてください。

(4)折り込みセンター探し

自分の住むエリアの折り込みセンターを調べるため、「エリア名＋折り込みセンター」で検索します。

(5)折り込みセンター打合せ・決定

折り込みセンターの方の意見を聞きながら、折り込み日付・部数・エリアを決めます。同時にポスティング会社を紹介してもらいましょう。ちなみに、新聞折り込みは新聞にチラシを折り込むこと。ポスティングはお店の周辺エリアのエリアを限定して、家や会社の郵便受けにチラシを入れることです。

・折込指定日	・広告主	・タイトル		・折込総枚数	・注釈
年	合同会社スローフードファクトリー長崎　あぐりの丘　様	Backerei nagasaki 元船石釜パン製造所		10,000 枚	
	・代理店（請求先）	・サイズ	・配送件数		
毎日朝刊折込	合同会社ｽﾛｰﾌｰﾄﾞﾌｧｸﾄﾘｰ あぐりの丘　様	A4	件		

21*06　【折込部数】　10,000 枚　・長崎市1(南部)　9,530 枚　・長崎市2(北部)　470 枚

	長崎新聞			朝日新聞(A)			毎日新聞(M)			読売新聞(Y)			西日本新聞(N)			日経新聞(K,本紙店名)		
	販売店名	部数	折込数	販売店名	部数	折込数	販売店名	部数	折込数	販売店名	部数	折込数	販売店名	部数	折込数	販売店名	部数	折込数
長崎市1 長崎市（南部地区）	新大工	1,280	700	東部	1,380	830	中央S	1,970	1,300	中川K	570	300	東部	630	400	立山桜町		
	西山片淵	1,100								西山K	1,750	400				八幡浜町		
	桜馬場	1,150		南部	600	300	西山・伊良林S	740	300	愛宕	550					本河内		
	立山桜町K	1,410	1,150	大浦	610					大浦	600	300				南ヶ丘・出雲		
	駅前	970	800	新戸町	890		小島	430	200	新戸町K	510		南部	330	200			
	宝町天神	900		南長崎K	840					南長崎	940					小島		
							戸町S	440					大浦	230		Y中川		
	本河内K	790											新戸町	300		Y西山		
	南が丘MSK	990											南長崎	250		田上		
																長崎戸町		
																大浦		
	小島MK	1,190														小ヶ倉		
	田上MSK	1,990														Y大浦(新戸町)		
	八幡・浜町K	1,740	1,000													A深堀(小菅)		
	大浦MSK	2,630	1,350													茂木		
	戸町MK	3,710														香焼		
	202106小ヶ倉-戸町と統合															蚊焼		
	深堀M	2,760																
	平山M	1,070																
	茂木AMNK	810														脇岬		
	日吉AMN	190																

6/23(水)折込：5,000枚

⑨プライスカード（商品説明）

手書きでもパソコンで作っても大丈夫です。

⑩POP（商品説明）・A看板・スタンプカード・クーポン・金券など

有料ソフトでは、Photoshop、Illustrator。無料ソフトですと、GIMP、Inkscapeを使って作成していましたが、デザインツールとしてCANVA（キャンバ）をお勧めします。何といっても「簡単」「デザインも豊富」そして「無料」なのです。パソコンの基本的な使い方を知っている方であれば簡単に作ることができます。使いやすさも抜群ですのでお勧めです。

⑪新聞広告・地元タウン誌広告・地元フリーペーパー掲載・地元ポータルサイト掲載・テレビ取材・ラジオ取材

オープン時やリニューアルオープン、イベント時にはニュースリリースすれば無料で取材してもらうこと

国産小麦使用
Bagel
国産小麦

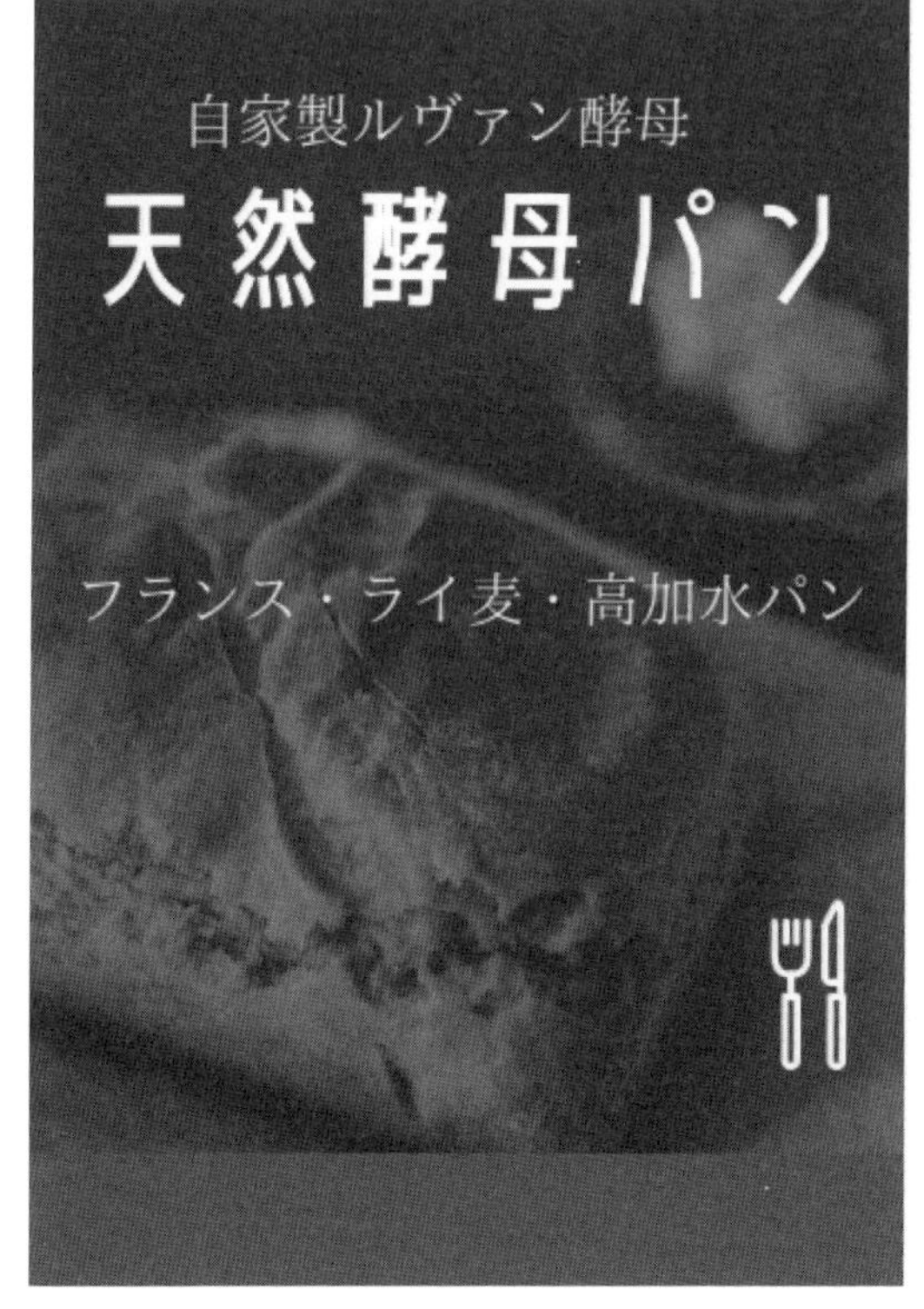
自家製ルヴァン酵母
天然酵母パン
フランス・ライ麦・高加水パン

が可能です。オープン時に各会社の編集部に直接連絡します。テレビやラジオに関しては広告代理店を通すこともあれば、直接交渉もあります。ただし。広告に関しては「有料」であり、広告代理店が介入するとかなり高い金額になります。相場はコロナによる広告の減少で変動があると思います。

地方のテレビ局のCMは、年末年始や季節ごとの特番間のスポット30秒CMのお得なセットもありますが、単発では効果が薄いうえに、結局はスポット30秒CMを15回流す契約や制作費別で安くても30万円以上（~50万円程）になったりします。ラジオはテレビよりは安いです。

有料広告を利用する場合には、「オープン時」など、オープン景気で売上げが確実に上がると見込まれるときや、店舗が順調に売上げを伸ばし、店舗数が増えた場合にやるべきだと思います。一般的に飲食店では販売促進に費す費用は売上げの1~2%と言われています。ただ、このパーセンテージがベストではありません。

私が住んでいる長崎の飲食店で店舗売上げ月商2千万、年商2億4千万のお店では、オープン当初は月間1千万円ほどしか売上げがありませんでしたが、広告宣伝費に売上げの10~20%を使うようになり、売上げが2倍に伸び、今では販促費が10%をはるかに下回る状態になっても売上げを伸ばしていってます。

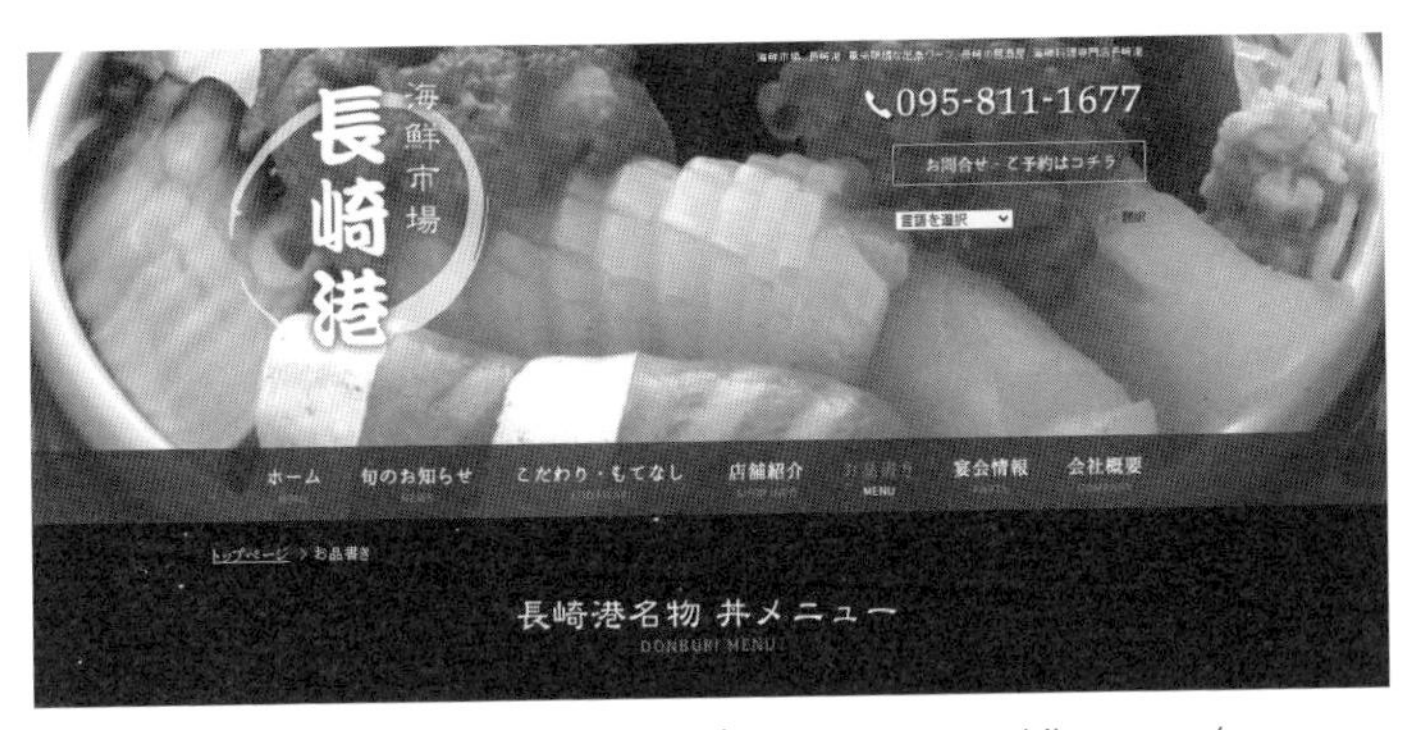

海鮮市場 長崎港 出島ワーフ店 https://nagasakikou.com/
コロナ前は有料広告ＴＶ等メディア販売促進に力を入れ、月商２千万円以上を叩き出した好事例

「仕掛けるときに仕掛ける」。状況を読みとる「目」が必要となります。

一方、販売促進費用をかけるときにかけないと売上げが伸び悩む原因の1つとなります。お店の営業状態、財務状況と照らし合わせて、臨機応変の対応を心がけてください。

お店をオープンして営業していく上で必ず行なう販売促進。お客様に有益な情報を正しくお伝えして、売上げもアップしていくことがベストです。

失敗することもあるかもしれません。しかし、成功も失敗もやってみることで生まれます。まずは実行することです。成功も失敗も自分の経験とし、自分をブラッシュアップしていってください。

❹「ニュースリリース」の書き方

前にお話したようにテレビ局やラジオ局、地方雑誌などは、有料での掲載や放送がほとんどです。しかし雑誌の構成ページをよく見てみると、1冊の雑誌の中に「広告ページ（有料）」と「編集ページ（無料）」があるのがわかります。編集ページは、どの雑誌でも無料のことが多いのでチェックを怠らないようにしましょう。

編集ページが多いもので言うと、『じゃらん』や『○○ウォーカー』になります。

私のパン屋は『じゃらん』『九州ウォーカー』に取り上げてもらっています。数年前に『九州ウォーカー10月号』体験学習コーナーで「カステラ焼き体験」を取材してもらいました。別の号では「トルコライスバーガー」の取材を受けました。これらの編集ページは、すべて「無料」で掲載してもらったものです。

また、無料で数万人の人が購読する雑誌に載せてもらう方法もあります。それは、「ニュースリリース（プレスリリース）」です。「ニュースリリース」とはＡ４サイズの紙にお店の情報を記入し、マスメディア（テレビ・ラジオ・雑誌・新聞・ネットメディア）に情報提供を行なうことですが、うまくいけば無料でマスメディアに取り上げてもらうことができます。

この方法は意図的にこちらから仕掛けていきます。私が行なった「ニュースリリース」は『日本経済新聞』『日経ＭＪ』に「28品目アレルギー対応防災備蓄パン」の情報提供を行ない、掲載してもらいました。

掲載後には他県から注文が入り、イトーヨーカ堂の子会社から取引依頼がきました。もちろん、掲載費用はまったくかかっていません。それに加え、掲載記事を見た販売業者から注文が入り、利益に結びつけることができました。

「ニュースリリース」の参考資料は、インターネットで「ニュースリリースのやり方」と検索すれば出てきますが、参考までに私のニュースリリースの方法も載せておきます。参考にしてください。

★ニュースリリースの書き方★

Ａ４サイズで原稿を作成します。
■まずタイトルを記入
「世界ではじめてのアレルギー対応防災備蓄パン販売開始」
■商品名　「28品目アレルギー対応防災備蓄パン」

■説明文　東日本大震災時アレルギーの子供たちから全国に向け、「アレルギー対応食品がないので食べるものがない。送ってほしい」というニュースが入ってきました。米粉１００％のアレルギー対応パンを作り、送ろうとしましたがライフラインが寸断されていて、届くのに1週間以上かかり、届く前に食べられなくなることに気づきました。詳しく調べてみると、当時小麦粉のパンの防災食はありましたが、アレルギー対応の防災パンは世の中に存在しませんでした。必要とされているのに存在しない。「必要とされるなら作るべき」。

そう思って世界初、アレルギー対応防災備蓄パンの開発が始まりました。南海トラフ地震が予測される中、1日でも早くアレルギーの方に届けなくては！　被災時アレルギーの方たちが食べ物に困らないように。そう思い続け、10年の歳月と１０００回以上の試作を行ない、世界初のアレルギー対応防災備蓄パン「もっちりパンダ（缶）」が完成しました。一人でも多くのアレルギーの方の手に届き、一人でも多くのアレルギーの方が災害時アレルギー食の心配なく過ごせるように心を込めて作った「もっちりパンダ（缶）」。多くの方に知って頂きたいです。取材していただけましたら幸いです。宜しくお願い致します。

■写真・商品名・商品特徴を記入

■会社名又は個人の場合の屋号住所電話番号記入
■連絡先　担当者名　電話番号メールＦＡＸ記入

以上を、できるだけ簡潔に1枚にまとめます。
以上がプレスリリースの基本の書き方ですが、より細かく書いてもＯＫです。
相手の担当の方が、わかりやすいように記入することを心がけてください。
では、送り方を説明しましょう。

①Ａ４サイズが入る大きめの封筒を用意します。封筒には、
・郵便番号記入　・住所記入　・宛名記入　会社名（編集局宛て）プレスリリース「タイトル」を記入します。

②書類を入れます。
(1)名刺
(2)送り状
(3)プレスリリース
(4)会社案内チラシなど
(1)～(4)をクリップで留めてクリアファイルにまとめて、それらを封筒に入れて封をして

世界初28品目アレルギー対応防災備蓄パン「もっちりパンダ」
お客様のニーズ・ウォンツにこたえた商品で、コンセプト自体が販売促進活動になっている。

送ります。

初回は郵送か持ち込みになりますが、取材を受けた後、2回目以降はＦＡＸかメールでも大丈夫です。編集部の方は毎日情報を探しています。個人事業であっても関係ありません。実際、私は個人事業の時も法人の時も、何十回もテレビ、ラジオ、雑誌などから取材を受けています。

可能性を信じて、どんどんニュースリリースしましょう。本来ならば、数十万円するテレビ取材を無料で受けて売上アップにつながるチャンスなのですから！

❺ 一番の販売促進はコンセプトと連動した内部充実

しつこいようですが、販売促進とはお客様を増やし、売上げを上げる方法です。前項ではそのお客様を増やす販売促進の方法を学びました。

ただ、販売促進を実行する場合に必ず最初にやっておかないといけないことがあります。それは内部充実です。そう、自分のお店の営業状態を「よい」状態にしておくことです。販売促進が成功して来店するお客様が増えても、迎え入れるお店の状態が悪ければそのお客様はもう2度と来ません。当たり前のことですが、自分のお店の状態を常に「よい」状態にしておくことが大切です。今も昔も1番の販売促進は「お店の営業状態がよいこと」なのです。

3章で学んだ「Q（品質）」「S（サービス）」「C（クリンリネス）＋A（雰囲気）」を徹底的に磨き上げることが大切です。そして、その上で新規お客様への販売促進活動を行なっていきます。これはオープン後も同じです。

オープンした日は当然、お客様は全員新規のお客様です。しかし、オープン2日目からはリピーターが必ずつきます。単純なことですが、お店の営業日数が増えれば増えるほどリピーターはついていきます。そのリピーターを増やしていく方法は「お店の営業状態がよい」ことに尽きます。

商品の品質がいいのか？　商品がお客様のニーズに合っているか？　スタッフが明るく愛嬌があり好感が持てるか？　掃除が行き届いて清潔感があるか？　お店の雰囲気はいい

か？　お店をよい状態に持っていけば、新規客がリピーターになる確率がアップします。

オープン時は「オープン景気」と言って、そのお店の年間平均客数の倍以上のお客様が来店します。お店を売り込むチャンスなのです。

つまり、お客様を増やす方法は新規のお客様への販売促進を行ない、新規客をお店に来店させると同時に、お店がよい営業状態でお客様をファンにしていき、リピーター化させていくことです。

新規のお客様への販売促進をどんなに行なっても、「お客様が来店したときに状態が悪ければ」お客様は2度と来店せず、客数は減っていきます。

あくまでも販売促進以外にも、お店の営業状態をよくしておきお客様にとって「心地よいお店作り」を行ないましょう。

7章

売上げを安定させ利益を出すために
オープン前後にすること

❶ オープン前レセプション・近隣挨拶で見込み客を獲得する

店をオープンする時には、必ず予想外のことが起こります。そんなときでも、あわてずに対応しなくてはなりません。

では、どうしたらよいかというと、やはり前準備をきちんとしておくことです。販売について言うなら、チラシやショップカード・スタンプカードなどを、余裕を持って作っておくことです。つまり、オープン時の役割分担を決めてシミュレーションしておくことです。

製造で言えば、食材をオープン景気用（オープン時、通常よりも多くのお客様がお店に来ること）に多めに準備しておき、それでも足りない場合のために追加発注の準備体制をとっておきます。

と言っても、やはりオープン時には何が起こるかわかりません。ですから、オペレーションが正しく機能するかどうかを、オープン前に実際にお客様に来てもらって練習をさせていただくのです。それが、飲食店ではよく行なわれるオープン前のトレーニング「レセプション」です。

レセプションでは、実際のお客様ではなく、知り合い、業者様を無料で招待し、実際のオープンしたときの店の運営方法をオープン前に実践して練習します。当然、お客様から評価をしてもらいます。お客様にはアンケートを配り、「おいしかったか？　品質に対する値段が妥当か？　サービスはよかったか？」等に回答してもらい、レセプション時に拾った「お客様の声」を参考にしながら修正し、本番のオープンではスムーズに、よい状態で店を運営し、お客様にファンになっていただくようにします。参考までに、レセプションに招待するターゲットは、

- 知り合い
- 取引業者
- インスタグラマー
- タウン情報誌編集の方
- 地方ポータルサイト運営者

などになります。

5章でも少しご説明しましたが、レセプションはオープン前訓練としても大切ですが、インスタグラマーや広告媒体の編集者に宣伝していただくことで、オープン時の集客をアップさせることが主眼です。インスタグラマーのＳＮＳによる拡散に加えて、それを見

TERRACE DINER
TERRACE DINER

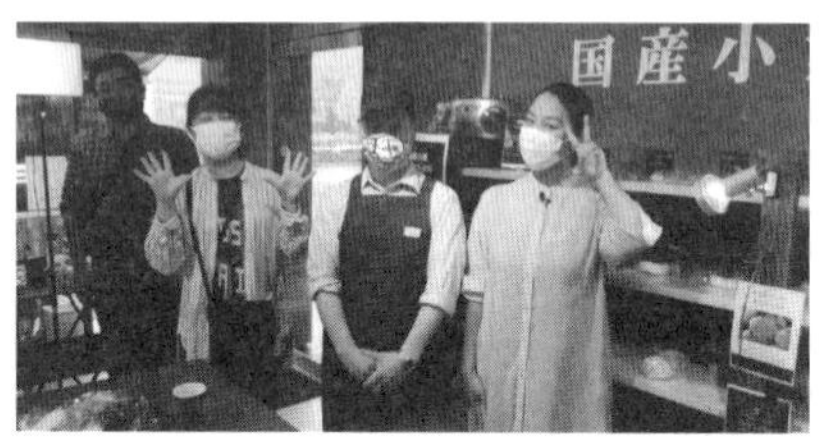
国産小

レセプション時に取材に来ていただけると集客アップします

たお客様がオープンした後に来ていただいたときに投稿してもらい、拡散してもらうことで認知が広がります。これは、オープン前の非常に重要なイベントです。

その他、オープン前にするべきことは、近隣エリアへの挨拶回りです。オープン前に製造スタッフが集まりパンをテスト製造し、その焼きたてのパンを近隣エリアのターゲットとなる住民の方にオープンチラシと一緒にお渡しします。もちろん、「よい状態のパン」をお出しするのが前提です。レセプション前にテストベーキングを行ない、食材・器具の定位置管理、温度管理、食材量をチェックします。

さらに、作業工程のチェック、機械の性能特性のチェックをします。本番時オープンの適正温度等一番よい状態を追求していく準備をしながらも、近隣への告知をしていきます。第一商圏である500m商圏内の事業所は、特に入念に挨拶回りを行ない、ヘビーユーザーになっていただけるようにしましょう。

❷ オープン日プレゼントで地域住民の心をつかむ

5章で少しふれましたが、オープン日には「先着○○名様に○○プレゼント」等のオープンイベントを行ないましょう。テストベーキングで焼いたパンを近隣エリアに配るときにオープンチラシを持って行き、オープンの告知を行ないますが、拡散しやすい方法はチラシにサービス特典をつけることです。たとえば、原価がかからなくて無料プレゼントとして出しやすいラスクとか、いつも店を思い出してくれるノベルティグッズ等、お客様が喜ぶ物を無料プレゼントしましょう。

その方法は、「オープン日○月○日。オープン先着○○名様限定で○○をプレゼントします！」というオープンイベントPOPを、まずは店舗入口に張り出します。チラシにもオープンイベント情報を載せておき、店舗周辺のポスティングや折り込みで告知します。また、レセプションに参加したインスタグラマーや広告媒体の編集者に、SNSや広告媒体で紹介していただくことで、オープン日に行列ができます。その並んでいる写真・動画を撮り、ホームページやブログ、SNSにアップすることで口コミが発生して拡散していき、集客できます。オープンイベントの無料プレゼントは必ず行なってください。また、私のお店「ベッカライ長崎　長崎市立図書館前店」のオープン時（２０２１年３月22日）、インスタグラムを使ったオープン企画を行なったのですが、その１つをご紹介します。

長崎市立図書館前店は、コロナ真っ只中の時期で、世の中がコロナウイルスの感染者数に敏感な時期のオープンでした。緊急事態宣言や蔓延防止等重点措置が政府より出されて、コロナにより、今よりもっと経済が回っていない状態でした。売上げは「苦戦するだろう」と予測できていたので、お金をかけずに出店する販売のみの店舗スタイルにしました（パンの製造は、本店がセントラルキッチンとして行ない、作ったパンを店舗に配達するスタイル）。

店をオープンするために使った開業資金は、不動産取得（賃貸）合わせて１００万円ほどしかかかっていません。

●販売台作り　10万円―大工さん手づくりの横約２メートル３段×２台。

●照明設置代金　15万円―最初からダウンライトがついていたので既存使用。照度が低かったので、レールを敷いてスポットライトを６個追加設置・外装看板照明は既存使用。

●客席　８万円―イートイン用　テーブル・イスセット５セットネット通販で購入。

●レジ　２万円―時間がなかったのでホームセンターで購入（タブレットレジではない）。

backerei_nagasaki
ベッカライナガサキ

a_y_a_62さん、他224人が「いいね！」しました
backerei_nagasaki どっちが良いかご意見ください！
3月22日に長崎市立図書館前に... 続きを読む
コメント50件をすべて見る
aoka_handmade 木目調の方が暖かみがあって、親しみやすいのでは？と思います！
黒だと暗い印象になるかなーと思いました
オープン楽しみです♡
bjkarin 私はインパクトのある黒。

a_y_a_62さん、他224人が「いいね！」しました
backerei_nagasaki どっちが良いかご意見ください！
3月22日に長崎市立図書館前に... 続きを読む
aoka_handmade 木目調の方が暖かみがあって、親しみやすいのでは？と思います！
黒だと暗い印象になるかなーと思いました
オープン楽しみです♡
bjkarin 私はインパクトのある黒。
もしくは、本当に黒に近い濃い焦げ茶も選択肢に入れます。
開店楽しみにしています。
応援してまぁす!!

看板色選びイベント（インスタ）　右：黒色　左：木目茶色　デザインは同じ

●レジ台・販売台　2万円―ネット通販・ホームセンターで購入。
●電子レンジ　1万円
●空気清浄機　無料―補助金で購入。
●目隠しカーテン　1万円
●看板　15万円

　オープンまでに100万程度の出費ですますことができれば、オープン後の売上げですぐにペイできます。

　ですから、オープン売上確保は必須でしたので、集客も兼ねて「お店の看板の色をお客様に選んでいただく」というお客様参加型のオープンイベントを行ないました。

　募集文面は、以下のようにしまし

た。

> backerei_nagasaki
> どっちがよいかご意見ください！
> 3月22日に長崎市立図書館前に
> 国産小麦粉100％使用、石窯パン屋さんをオープンします。
> 看板はどちらがよいかＤＭくださーい。
> ＤＭくれた方の中から、抽選で一名様にパン詰め合わせをプレゼントします
> ご意見待ってまーす（絵文字）

実際にアクションを起こして看板の色のＤＭをくれた方、「いいね」をしてくれた方が500名ほど。そこから拡散されて、単純に1人当たり100名のフォロワーがいれば、ＤＭ500名×100フォロワー＝5万人（地方では重複してフォローしているので、実際の閲覧数はもっと低くなります）。

この方法のよい点は、「広告宣伝費がまったくかからず、しかもエンゲージメント（成約率＝この場合は来店購入のこと）が高い」ということです。

お祝いのお花のスタンドは、その存在自体に販売促進効果があります。祝い花を持ち帰る風習があるエリア（西日本）は開店日にお花がなくならないようにしましょう

たとえば、チラシを作って5万人に配る場合、費用は26万7千円かかります（デザイン代5万円・印刷代5万7千円・折り込み代3・2円×5万部＝16万円）。

エンゲージ率で比較すると、一般的に、新聞折込チラシの反響率は0・01〜0・3％と言われており、5万枚を配布すれば5～150人の反響が想定されますが、これに比べて、Instagramは、無料で500名以上のエンゲージメントを得られています。

Instagramとチラシを両方行なえば、より集客をアップできます。

何の媒体を使っても、「オープン時無料プレゼントイベント」は集客効果があるので、自分の店をオープンする際にはイベントを企画し、お客様を獲得しましょう。

❸ オープン日売上げで年間売上げを予測し、販売計画を立てる

店をオープンして一番気になるのが売上げです。

前項で少し出てきた言葉「オープン景気」という言葉は知っていますか？

「オープン景気」とは、店をオープンする際、年間を通した平均月商の売上げの最大1．5倍～2倍ほどの売上げが、オープン月～3ヶ月で上がることを言います。

要するに、「オープン」というだけで、通常の最大1．5倍から2倍のお客様が来店されるということです。このオープン景気中に、本当によい営業状態だったお店はオープン景気が終わっても、売上げは3分の2までは落ちません。口コミが広まり、新規客もリピーターも増えるからです。

しかし､ほとんどの店のオープン景気は（地方の人口が少ないところで）早くて1ヶ月、長くても3ヶ月で終わります（2021年時点、緊急事態宣言などが発出され、コロナに敏感な世の中で、経済が回っていない状態での出店時のオープン景気は、オープンして4週間で終わりました。2022年6月現時点でのコロナ禍での国の方針は「緩和」の方向に向かっています。ですから、ロシアのウクライナ侵攻が解決すれば、経済活動も徐々に活発になっていき、オープン景気も今よりは長くなると思われる)。

このオープン景気で無条件にお客様が来て下さる時に、「よい営業状態でおもてなし」して、リピーターにしていくことが大切です。

「毎日の営業状態のよさ」のみが、お客様をリピーターにする唯一の方法です。

オープンしたての時は「お客様が来店する」ことが当たり前のように錯覚してしまいます。お客様が多いのはオープン景気だからです。何度も言いますが､オープン景気が終わってからの入客数が大切です。オープン景気が終わった時、入客が急激にダウンしないように、オープン景気期間中に来ていただいたお客様に満足していただけるように心がけましょう。

また、販売促進計画や予算を組む時に売上予測が必要になってきます。製造計画も売上予測を元に決めていきます。オープン景気後の売上げはオープン初日の売上げの3分の2

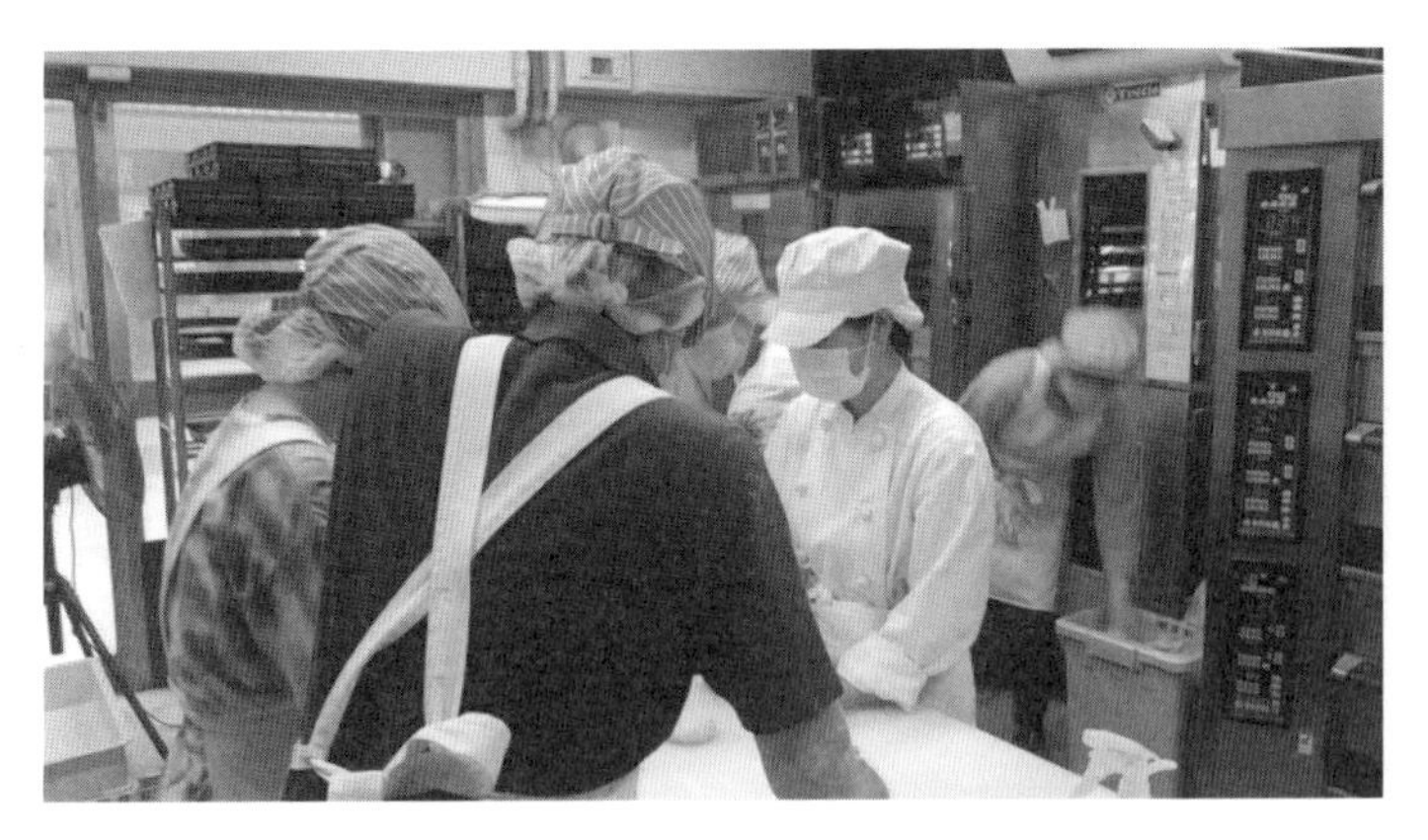

〜半分を目安に考えて製造計画を立ててください。オープン景気がずっと続けばよいのですが、ほとんどは落ちていきます。そのとき、製造量が多く販売数が少なければパンは売れ残ってしまいロスになります。ロスを出さないように、売上予測に基づき、製造計画＝販売計画を立て、ロスを減らし生産性を上げる製造体

制を作っていきます。

たとえば、小さいお店のオープン日の売上げが10万円だった場合、オープン景気後の通常売上幅を5万円~7万円と仮定し、最低日商予測5万円として製造計画を立てます。

2章で記入したコンセプトシートを再度思い出してください。自分のお店のメインとしたいパンは何でしたか?

専門店ならば、ひとつの商品に特化して種類も少なくても大丈夫です。パンの一個単価をいくらに設定するかで製造数は決まります。通常のバラエティパンを出す場合は、フランスパン、菓子パン、調理パン、食事パン何十種類のパンを一個単価いくらで何個販売するかを決めていきます。

次の項では、バラエティパンを例として作成リストを用いた製造計画等についてご説明していきます。

❹『パン作成リスト』で計画的な製造を行ない、「発注基準書」でチャンスロス・過発注ロスを防止しよう！

○パン作成リストを使ったパン製造計画

前項で例として出した小さなパン屋で、１日の最低売上げ目標を５万円とする場合の製造計画を立てていきます。

仮に次のカテゴリーで、

・食パン１斤５００円×10個
・バゲット３００円×10本
・焼き菓子２００円×10個

で、合計１万円の売上げがあったとします。

この仮定で、１万円の売上げが見込めるとすると、あと４万円の売上げを上げる製造計画を立てていきます（あくまでも大まかな製造計画例。自分で作りたいパンがしっかり決まっている場合は、自分の作りたいパンの種類単価で製造計画を作ればよい）。

１個の小さめのパンの単価平均を１８０円とするならば、４万円÷１８０円で２２３個

食パン生地	生地量	フィリング	作成数
ピザパン	60 g	ハムオニオン 30 g	6
ウインナーカレーパン	60 g	ウインナー１本 カレー 20 g	6
以後食パン生地の種類、量、フィリング、作成数記入			
菓子パン生地	生地量	フィリング	作成数
粒アンパン	60 g	粒あん 30 g	10
以後菓子パン生地の種類、量、フィリング、作成数記入			
フランス生地	生地量	フィリング	作成数
チョコフランス	70 g	チョコチップ 15 g	8
以後フランス生地の種類、量、フィリング、作成数記入			

＊食パン生地は、砂糖も少なく卵も入っていない生地なので調理パン用生地に私は使っています。これをまとめた物がパン作成表です。

の小物パンを作成すればいいことになります（小さめのパンを、小物パンとここでは呼んでいる）。その２２３個の内訳を、パン製造リストで分けていきます。

生地の種類がいろいろあるので、自分の作りたい生地を選び、その生地の特性に応じたパンを作っていきます。

生地の例を以下のように想定しましょう。

・食パン生地・菓子パン生地・フランスパン生地・ライ麦生地・米粉生地・高加水生地・ベーグル生地・カカオ生地・抹茶生地・ブリオッシュ生地・クロワッサン生地

たとえば、表に示したように各生地に応じたパン名、グラム数、作成数を記入

パン作成リスト（見本）				
			モルダー	
商品名	生地	生地量	生地伸	フィリング
型入れ食パン	食パン	200×3	正転	
丸パン	食パン	70		
プチフランス	フランス	95		
チョコフランス	フランス	70		チョコ10g
スティック	フランス	70		
クルミフランス	フランス	70		クルミ5g
チーズクルミ	フランス	70		クルミ4g　ファンデュ12g
こし餡フランス	フランス	70		こしあん30g
白餡フランス	フランス	70		白餡30g
ウィンナーエピ	フランス	70		半ウィンナー1本　コショウ少々
ベーコンエピ	フランス	70		半ベーコン1枚　バジルソース
カマンベール　ウィンナー	フランス	70		半ウィンナー1本　カマンベール12g
米粉分割				
カスタード	ロール	50		カスタード30g
アップルカスタード	ロール	50		カスタード12g　リンゴジャム12g
チョコパンマン	ロール	50		アルデオベルギーチョコ30g
黒豆	食パン	80		黒豆20g
パイン	食パン	80		感想パイン10g
ミックルフルーツ	食パン	80		ミックスフルーツ12g
米粉パン	米粉	100		
米餡お焼き	米粉	80		粒あん30g
カレーチーズ　お焼き	米粉	80		コク旨カレー12gカマンベール12g
きな粉ツイスト	食パン	80		
ポテトハム	食パン	80		ポテトサラダ20g
お好み焼き	食パン	80		
カレーウィンナー	食パン	80		半ウィンナー

パン作成表サンプル資料

していき、パンリストを作っていきます。

この作成リストは必ず作ってください。

作成リストを作るメリットは、
・計画した製造ができること
・漏れのない発注ができること
・製造時間の最適化（短縮）
・スケジュールを組みやすくなる
パンの製造現場では、何よりも時間との戦いです。製造現場に入って、「何を作ろうかな？」などと言っている余裕はもちろんありません。

基本的に新商品開発も、日々の仕事をしながらお客様の言葉、ニーズをきちんとヒアリングして作っていきます。まずは、自分がどういう店にしたいのか？　どういったパンを作りたいのか？　が決まっていないといけません。コンセプトに基づいたパンの製造計画を立てて、お客様が満足するパンをお出しして、お客様をリピーターにして繁盛店にしましょう！

ちなみに現在は、「パンの本場フランスのパン屋さんイメージのお店でありながら、オーナーの個性が生きるお店」が、繁盛しているお店のトレンドです。

フランス系が強かったり、クロワッサン系が強かったり、そこに和風のエッセンスが入ったり、パティシエのデザートづくりのエッセンスが入ったりと、ひと昔前の多種類のバラエティパンに、クッキー・ラスク・パウンドを加えたメーカー直営店とは違い、厳選した種類（20～30種）のこだわりのパンで勝負しているお店が多いです。
繁盛店も参考にしながら、自分のお店で何を作りたいのかを決めましょう。

●「発注基準書」でチャンスロス・過発注ロスを防止しよう！

オープンしてバタバタする中、どんどん食材は減っていきます。「食材がなくなって商品が作れない」などが原

食材名	発注基準	在庫	発注数
国産こしあん（1kg）	1.2	1	1

発注基準とは、その食材を補充する場合「これだけ在庫あれば足りる」と思える在庫量のことです（発注してから届くまでを１日とするなら、２日分以上使用する準備量が基準になります）。

因で、通常であれば売上げが上がるはずなのに、上がらないことを「チャンスロス」と言います。チャンスロスを起こさないように発注基準を決め、適正発注を行ないます（逆に、食材を間違って多く注文してしまい、使いきれずに処分してしまうことを過発注ロスと言います）。

たとえば、「こしあんパン」を1日20個作る場合、フィリング（中身のこと＝あん）重量を1個30gあんを使用するとすると、30g×20個で1日６００gのこしあんを使います。発注基準は余裕を持って2日分とすると、1日６００g×2で「１・２kg」が発注基準になります。

この表で、在庫が「1」しかない場合、発注基準が「1・2」なので「1・2」－「1」＝「0・2」となり、発注数量は「1」になります。

この発注基準を決めておくことで、誰でも発注でき、発注ミスが軽減できます。この発注基準を作成するためには、前項で説明した「パン作成リスト」を活用します。売上予測に即したパン作成リストを作ることで、各食材の1日の使用量がわかります。基本的に毎日食材が発注でき、毎日配達してくれる食材取引業者の場合は、2日分の使用料を発注基準としましょう。

ただし、売上げが安定してきて自動発注システムを導入できる場合には、自動発注の方をお勧めします。売上げが確保でき、資金がある場合は、大手業者のシステムを導入しましょう。

❺ 作業工程表で1日のスケジュールをマニュアル化し、労働生産性を上げよう！

本書を読んでいる方は、「パン屋ってオープンするのは難しそう」と思っているかもしれません。どんな業態であっても、自分が未経験の業態を立ち上げるのは難しいし、パン屋は1回製造が始まると、終わるまで拘束されます。発酵菌が生きているからです。ここが飲食店とパン屋の違いです。飲食店は食材の下ごしらえの「仕込み」をすれば、冷蔵保存でも冷凍保存でも管理できます。真空調理は別として、一度作業を止めることができます。

パン屋もドウコンディショナーを使い、パンを仕込んで冷凍することができます。初めから冷凍パンを使う店もありますが、小さな店は自分でミキシング・発酵・成型・焼成ま

作業工程表(見本) 小規模パン店

5:30	勤務開始 日報・ノートチェック 着替え *10分前に準備						
	ケース用大型食パン生地常温さまし						
5:45	ミキシングカンパーニュ						
6:00	ドオコン物焼成						
6:30	食パン型物成型						
	食パン生地(小物)成型						
7:15	オープン準備 焼きたてパントレー陳列						
	売り場空調ON レジ立ち上げ(つり銭準備金チェック)						
7:30	A看板出しオープン BGMつける						
	フランス小物成型						
	ロール生地成型						
9:30	ライ麦生地成型 ＊以下売れ行きに応じ製造反復。						
	ミキシング開始(翌日分)						
	各生地 フランス						
	食パン小物 ロール						
	分割丸め ドオコン成型						
	翌日分(ドオコン)成型終了 ＊パンマット掃除						
	＊モルダー掃除 ＊床掃き(冷蔵庫排水捨て)						
	＊生地冷蔵庫いれ ・ロール						
	・フランス ・食パン(ケース・小物)						
	＊鉄板掃除 ＊ミキサーボール洗浄						
	＊洗い物						
	その他菓子類作成(ラスクなど)						
16:30	食材仕込み・補充						
	発注(どの時間でも可)						
	売上げ管理						
18:30	レジ閉め準備						
	日報記入						
19:00	ラストチェック 退社						

作業工程表見本

でを行なわなければなりません。パン屋のハードルが高い部分のひとつが、仕込みの煩雑さです。その日の気温・湿度によって発酵の度合を逆算し、水温・捏ね上げ温度の調整を各々の生地ごとにしなければなりません。仕込みの生地の見極め方は、実際に経験しないと理解できません。

私が行なっている「製パン技術コース」では、基本作業と見極めのポイントを指導し、毎日の実践を通して気づきを自分の力にしていきます。ここで説明することは、1日の作業を「作業工程表」としてまとめ、作業全体の把握とマニュアル化することでの労働生産性を上げる方法について説明していきます。あくまでも実践あっての理解ですが、全体を把握しておくことで、実践するときの理解度が違うので、要点を絞って説明していきます。

○朝一作業

朝一番でする作業は、冷蔵庫で寝かせている食パン生地を常温で戻す作業を行ないます(復温)。

食パン型に入れる1個200グラムの生地なので、冷蔵保存されている分、そのまま発酵機に入れても発酵に時間がかかるので、一度復温したうえで食パン型に入れ発酵機に入れます。

冬場の工場の気温が下がっているときは、通常より発酵するのが遅くなります。1時間半から2時間かかる場合があるし、焼成も時間がかかり、焼成後冷まさないとスライスができない等、手間と時間がかかるので、一番最初に食パン復温から始めます。

○ドウコン（ドウコンディショナー）物焼成

小さなパン屋の場合で、一人で仕込みを回す場合、ドウコンディショナーという機械を使うことで労働時間の短縮ができます。この機械は、前日に成型した生地を冷凍がけし、翌日指定の時間に合わせてホイロがとってあり、焼成できる状態にする機械です。食パンの復温作業がすんだら、すぐにドウコンに入っているパンの焼成を行ないます。

○ストレート法の生地のミキシング（ドウコン物焼成前後）

ミキシング→1次発酵→分割丸め→ベンチタイム→成型→二次発酵→焼成までをノンストップで行なうパン作りをストレート法と言います。この表では「ライ麦生地」をストレート法で作成しています。

○各種生地のパン　成型・発酵・焼成

食パン生地・フランス生地・菓子パン生地（ロール生地は菓子パン生地より甘さを抑えた生地）・ライ麦生地

○翌日仕込み（ミキシング・分割丸め玉取り作業）

当日分のパンの製造が終わったら、翌日のパンの仕込みを行ないます。

○翌日仕込み（ドウコン分成型）

翌日朝一番で焼くパンを成型し、ドウコンディショナーに入れてタイマーセットする。

○不足食材仕込み補充

主に調理パンに使用するフィリングや野菜類のカット、フルーツのラム酒漬け込みや天然酵母作り等、翌日の食材の仕込み補充を行ないます。

○掃除

以上が、主要な作業です。売上げに応じて従業員を配置します。小さな店ならば、オーナーが工場でパンを作り、販売員を1人つければ回せます。売上げに応じて人員を増やしますが、増やす人員は製造人員がメインです。朝一番の作業を、1人でやるより2人で行なったほうが製造量もアップし品質もアップします。右記各作業に対する時間をスケジュール化して少しずつスピードアップし、生産性をアップしていくことが大切です。すべての作業がつながっています。どの作業工程も気が抜けないのがパン屋の仕事です。ミキシングのグルテンが強すぎると硬い生地になってしまいます。水分量は？　生地温度は？　発酵速度は？　など、ミキシングひとつとっても気が抜けません。各作業でひとつでもミスがあると、よいパンはできません。

加えて、パン屋は他の飲食店と比べてとにかく息つく暇もないぐらい忙しく、作業の連続で成り立っています。パン屋の1日の流れをまず理解すること。そして必要な準備を万全にしておくこと。段取りが命です。今はピンと来ないと思いますが、実際に実践トレーニングを行なったら、理解できることがいっぱいあります。今は「仕事の流れ」と「準備・段取り」が重要であることだけでも頭に入れておいてください。

❻ SNSを使いお客様との関係性を作りリピーターにする

オープンしたばかりの店は新規のお客様がほとんどです。リピーターとは、2回目以降購買をするお客様を指します。理想はオープン景気期間に来たお客様を「パンのおいしさ」と「温かいサービス」でリピーターにすることで、オープン景気が終わっても売上げの減少が少ない店にすることです。初めから、ある程度のパイのお客様をつかめるかどうかは、経営する上でたいへん重要です。最初からお客様をつかまえられる店は、営業日数がたつごとにリピーターが増えていくので繁盛店になります。逆に、オープン景気が終わり急激に売上げを落とす店は、早急にお店の「パンの品質」「サービス」の見直しを行なわなければ店は潰れます。

お客様が来店しない理由は、３つ挙げられます。

①店を知らない
②知っているが行っていない
③1度行ったが、２度と行きたくない

オープン景気後に急激に売上げを落とすお店は③の店です。リピーターにできないことでの損失がどれぐらい深刻なのか、を理解していただきたいものです。

見方を変えると、どれぐらいのリピーターがついていれば繁盛店と呼ばれるのか？　繁盛しているパン屋の新規とリピーターの割合はどれぐらいだと思いますか？　考えてみてください。

パン業態は、まだ成熟の余地のある中途段階の業態なので、詳しいデータは確定していないと思います。ただし、これまで私が運営してきたパン屋のデータと飲食店のデータを比較したところ、飲食店の繁盛店の新規とリピーターの比率がある程度当てはまることがわかりました。

パン屋の繁盛店の新規客とリピーターの割合は「3：7」です。

オープンしたばかりの店は、当然「10：0」です。営業日数が経てば経つほど、新規のお客様の割合は少なくなっていきます。心配なのは、新規のお客様も減った上にリピーターも増えていない場合です。何回も言うように、一番の販売促進は「お店の営業状態をよくすること」です。コンセプトがお客様に共感していただけるものであり、「おいしいパン」と「心温まるサービス」を常にご提供でき、お役様をファンにできる力を持たなければなりません。

リピーターを増やすためには、

① まず新規客を増やすこと

② 新規客を、よい営業状態でリピーターにすること

この2つを、同時進行で店を運営していかなければなりません。

とくに、新規のお客様に来ていただかなければ、リピーターも増えていかないので、SNを活用し、新規客に来店していただきリピーターを増やします。

6章で販売促進の説明をしましたが、SNSでの集客を狙うのならInstgramを使いましょう。

繁盛している店は、Instgramに本当に「きれい」で「食べてみたい」「行ってみたい」と思わせる商品写真を載せてフォロワーを増やしています。Instgramからネット販売ページに行くかホームページに行くか、だいたいのケースでこの2つのパターンを使っています。

私も、Instgramから自社のホームページにリンクを貼り、ホームページで自社のお店の取り組みに共感していただいた方がユーザーになっていくという方法を使っていました。そして一番効果があった方法は、「メディアミックス」でした。メディアミックスとは、複数のメディアを組み合わせて展開する広告戦略ですが、私は広告費を使わず、無料でメディアミックスを仕掛けて集客に結びつけていました。

ベッカライ長崎・長崎市立図書館前店でのメディアミックス無料広告の集客リピーター化は①から④のように行ないました。

①ニュースリリースを送ってテレビ取材依頼（無料）する（ニュースリリース内容は新店舗オープン）。

②Instagramで新店舗情報を投稿する➡ホームページからテレビ取材を依頼する（無料）。

③テレビ収録の際に、時にお客様の得する情報を紹介してもらう。

・国産小麦粉使用、長時間発酵、高加水パン、無添加生地など高品質であり、そのエリアではあまり出していないパンを取材してもらう。

・長崎市立図書館の「図書カード」掲示の方は「5％オフ」という販売促進を告知する。告知ターゲットは長崎のテレビ局ＮＢＣローカル情報番組「Ｐｉｎｔ」視聴者は数万人います。ちなみに長崎市立図書館の「図書カード」利用者は数十万人おり、令和2年度

●石窯工房アグリホームページ

店主ブログ更新情報

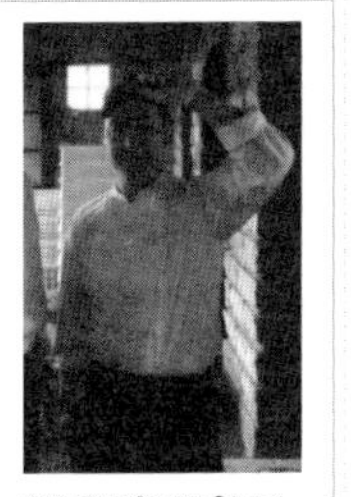

石窯工房アグリでは「食べて健康になれて笑顔になれるパン」作りを目標に毎日作れる量のみを心を込めて手作りしています。
お客様の安全を守るため「イーストフード」を一切使わず、毎日手間と時間をかけ、焼きたてをお届けしています！！
お気軽にお越しくださいませ

5・お客様への想いのこだわり
「お客様がパンを食べて健康に笑顔になれるパン作り・接客」を目標に日々営業しています。まだまだ道半ばですが1日1日、ひとりひとりのお客様に満足して頂けるようにスタッフ全員が気持ちをこめてパンを作成・販売しています。

膨張剤＝イーストフード（発癌物質）を入れないパン作り

～安全性第一・損得より善悪が先～

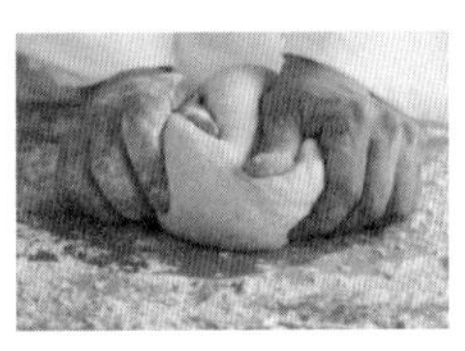

膨張剤を使わないパン作りをすると、同じ生地分量でも小さく見え、一つ一つが微妙に違う形のパンができ、発酵の時間もかかり、手間と時間が必要です。
ではなぜ敢えて手間のかかることをしているのか？
それは、「お客様に安全な商品をお出しする事」は、「食」に携わる者の義務だからです。

手間と時間をおかけしても譲れない物は安全性です。
形が不揃いで小さく見えるアグリのパン。
決してスタイリッシュではないアグリのパン。
この形こそが私たちの「お客様を思う気持ち」です。
これからも「重くて小さく見える」不揃いなパンを、ご愛顧くださいませ。

（イーストとイーストフードは全く違います。詳しくは「イーストとイーストフードの違い」をご参照ください。

インスタから店舗のホームページにリンクを貼り誘導する。ここで店舗のこだわりを理解してもらい、取材依頼や来店動機につなげる

の新規登録者数は5812人でした。

④お客様が来店した際には「図書カード5%オフ」を活用します。さらに「図書カード5%オフが継続して利用できることを告知」するとともに、「Instagram登録で10%オフ特典」を紹介し、インスタフォロワーになってもらいました。

このように、フォロワーへ新しい情報を告知することで、来店してもらいリピーター化していきます。

リピーターの定義は、「短期間の間にお店を3回以上来店するお客様」と言われています。ですから、店の「立地のよさ」にもリピーターとなる要素は関わってきます。図書館や企業ビルの並ぶオフ

● Instagram 投稿

NCC「ひるドキ」様取材

イス街なら、昼間人口が厚いエリアとなり、近隣エリアから来るリピーターが多くなります。「立地」「コンセプト」「よい営業状態」「販売促進活動」を確実に行ない、お客様との関係性を高めてリピーターにして、繁盛店を目指しましょう。

NBC「Pint」様取材 TV 取材を受けたことの報告と、オンエアー日時、局、番組、時間を Instagram で告知する

TV オンエアー後、お客様にとってお得な情報も Instagram で告知する

● **Instagram 投稿文面**

backerei_nagasaki
長崎市立図書館前店本日もオープンしまーす！（元船店も開いています）
図書館会員証提示で5％オフ
「インスタ見た」で10％オフしてまーす。
ぜひ一度、遊びに来てください😃
イートインもできますよ☀
元船店は、
ランチ500円（コワーキングスペースWIFI無料）
〓絶望カレーランチ（激辛）500円
〓パン食べ放題500円
☆パン食べ放題付きパスタランチセット1300円　要予約
お問い合わせは0958226839まで。
元船石窯パン製造所・ベッカライ長崎
長崎名物出島パンのお店．美味しい石窯パンでお迎えします

弊社紹介動画です

#https://youtu.be/MWCI0ChuLTo

＃長崎ランチ　＃長崎パン屋　＃長崎美味しいパン屋　＃長崎名物出島パン

＃日本パン発祥の地長崎　＃長崎ベーカリー　＃元船石窯パン製造所ベッカライ

＃長崎まちねた　＃長崎市デリバリー　＃長崎宅配　＃長崎市配達

8章

これだけは知っておきたい経営者としてするべきこと

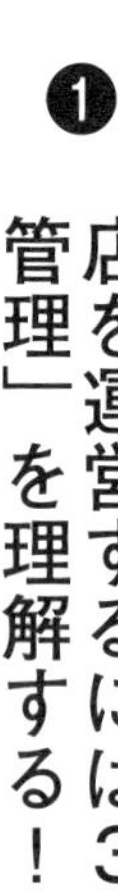

❶ 店を運営するには3つの管理「売上管理・計数管理・営業管理」を理解する！

今、あなたが経営者として店をオープンして営業する上で、３つの管理能力を高めて店を管理し、自分の店を利益の出る店にしていかなければなりません。

その３つの管理項目は大まかに言って、

①売上管理
②計数管理（数字の管理）
③営業管理（内部充実）

です。

経営を知っていなくても、店を運営する上でやるべきことは数多くあります。たとえば、

・お客様を大切にすること。
・笑顔で接客すること。
・お客様においしいパンを焼いてお届けすること。
・お客様の声を元に商品づくりを行なうこと。
・店を清潔にして、お客様を気持ちよくお迎えすること　等です。

これらのやるべきことは、3番目の「営業管理」に入ります。

今までの章で「どういうコンセプトの店を作りたいか?」等を勉強してきました。その「自分の理想の店に近づくように、毎日の営業状態をよくしていくこと」を営業管理と言います。

営業管理には「お客様と笑顔で接客する」等の「状態目標」を設定し、その目標をクリアしていくことで、店のQSCA（品質・サービス・掃除・雰囲気）レベルを上げていき、お客様の満足する店づくりを行なっていきます。③の営業管理については各章で説明してきましたので、この章では　①売上管理　②計数管理について説明していきます。

①売上管理

店を運営するうえで大切なことは、利益を出すことです。利益を出せる店にならなければ運営する意味がありません。

その利益の元が売上げです。売上げ＝客数×客単価となります。何人の方に、どれだけパンを買っていただけたか？　これだけです。

1日100名のお客様に1人当たり500円のパンを買っていただけたら、客数100人×@500円＝5万円の売上げとなります（日商）。

営業日報（第1章　店舗プロデュース）

date　・　・　・

担当

項　目	数　値	備　考
本日売上	円	
売上高累計	円	
客数	人	
客単価	円	
当日売上目標	円	
前年売上実績	円	
累計目標達成率	%	
対前年売上	%	
累計客単価	円	
本日仕入れ	円	
仕入れ率	%	
仕入れ累計	円	
仕入れ率累計	%	
本日労働時間	H	
本日の人時売上	円	
労働時間累計	H	
人時売上累計	円	

参考資料：日本フードコーディネーター教会「プロのためのフードコーディネーション技法」より

日商5万円×30日＝150万円（月商）となります。その日々の売上げを管理するために日報を記入します。

さらに、その日の天候・気温・時間帯入客・売上げ・客単価など、その日営業したことのデータを取ることで、今後の販売量の予測や適正な仕込み量の調整ができます。

毎日の売上げを月間で集計したものが月間売上げです。

開業時、融資を受けた場合、返済をしていかなければなりません。毎日の売上げをきちんと日報に記入してデータを取っていかなければ返済計画も台無しとなり、次回の融資を受けることも厳しくなります。何よりも、自分が営業している店がお客様に支持されているかどうかの指標が売上げ（客数）です。「売上げ＝客数×客単価」ですので、「お客様の数＝入客」の推移は必ずチェックしなければなりません。

また、私が使っている日報には、必ず「コメント欄」を設けています。これは、その日どんな営業状態で店を運営したか、何があったか、さらにどういう気持ちで勤務していたか、などを記入します（複数のお店を経営する場合には、スタッフがどんな気持ちで勤務しているのか。他店舗のスタッフの勤務姿勢を、日報を介して伝えることで、モチベーションアップを目指せます）。1店舗であっても、コメントを記入することで、全時間帯のできごと、仕事に対する姿勢などの共有ができることにより、営業状態の改善にもつながるので、日報はきちんと記入することを心がけましょう。

②計数管理（数字の管理）

計数とは、計算して出した数値であり、それを管理することを計数管理と言います。売上げも計数であり、今から勉強する原価・粗利も計数です。数字は客観的なデータです。それをきちんと把握して管理することで、正しい経営かどうかの判断、もしくは正しい経営に移行することが可能になります。

自分の理想とする店をオープンすると同時に、店を永くお客様から愛される店にすることが大切であり、使命だと思います。そのためには、きちんとした計数管理（利益を出す管理）ができなければなりません。最初は、少し難しいかもしれませんが「数字に慣れていく」しかありません。1つひとつをつぶしていき、自分のものにしていきましょう。

利益とは何でしょう？

利益とは簡単に言うと、売上げから経費を差し引いたものであり、利益が残らないと店は運営できません。

利益を出すには、「売上げを上げて経費を少なくする」ことで出すことができます。売上げを上げて経費を少なくするためには、「物の原価」を理解しなければなりません。

まずは、「原価」について勉強します。

原価とは、一般的に商品を作成するためにかかったもともとの金額のことを言います。

あんパンでいうならば、

A　生地にかかった材料仕入れ金額に

B　フィリング（中身のあん）にかかった材料仕入れ金額

の合計となります（A＋B）。

たとえば、菓子生地55gの生地原価を出すとき、

(1)生地に使われている材料、小麦粉・卵・イースト・塩・砂糖・油脂などの各材料の使用分量あたりの仕入れた値段を計算します。

1キロの粉でパンを作る場合（仮定値）

小麦粉　1000g

水　550g

砂糖　100g

油脂　80g

塩　15g

イースト　15g

卵　100g

総重量　　１８６０g

材料原価（仕入れ金額）がトータル約９００円と仮定すると、

材料総重量１８６０g：材料総原価９００円＝55g（１個分量）：x

１８６０x＝４９５００（９００×55）

X＝**４９５００÷１８６０**

X＝　26・６円

A生地の原価は26・６円となります。

B）フィリングの仕入れ値が

１Kg＝６００円で、１食あたりのポーション（使用分量）を30gとすると、

1000g：600円＝30g：X

1000X＝18000（600×30）

X＝**18000÷1000**

X＝18円

B）フィリング（あん）の原価は18円となります。

26・6円（A）＋18円（B）＝44・6円

あんぱん1個あたりの原価は44・6円であることがわかりました。（仮定値）

ここで原価率も覚えましょう。

原価44・6円に対し、あんぱん売価（販売価格）を170円と設定したとき、

44・6円÷170円×100＝26・2%
26・2%が売上げに対する原価率となり、その反対が粗利率となります。

100%－26・2%＝73・8%（粗利率）
170円－44・6円＝125・4円（粗利）

粗利は大まかな利益（粗い利益）のことで、売上げに対する食材原価を引いた理論上の数値です。

これに対し、経費をすべて差し引いて残った利益を純利益と言います。

計数管理の基本は　売上げ　粗利（粗利率）原価（原価率）経費です。

基本の数値の算出方法をきちんと理解し、事業計画書に落とし込んでいくことで、

正しい利益の出るお店を運営することができます。

計数管理の重要性を忘れずに継続して、数字を管理できるようになりましょう。

❷ 損益計算書を理解しよう

4章で勉強した「創業計画書」を思い出してください。

独立する人が必ず行なうことは、銀行や日本政策金融公庫からの融資です。開業資金が潤沢にあるならば融資は必要ありませんが、事業における資金は、あればあるほど余裕を持ったゆとりのある運営ができます。融資を受けるときに提出する書類のひとつが、創業時は「創業計画書」となり、お店をオープンしてからすることのひとつであり、お店の状態を判断するために記入するのが「損益計算書」です。どんぶり勘定にならないように、毎月損益計算書を作成し、自分のお店の分析を行ない、店舗運営の改善にあたらなくてはなりません。

では、実際に簡単な損益計算書を説明していきます。

●損益計算書

A　売上高　日々の日報から集計した月商を記入します。

2022年　月　店舗名（　　　）店

A 売上高 売上原価	1,500,000 450,000
B 粗利益金（率）	1,050,000（70%）
C 経費合計（① + ②）	420,000
①経費・人件費	180,000（@ 900 × 200H）
②経費・小計	470.000
・家賃	140,000
・水道光熱費	180,000
・雑費	50,000
・消耗品費	50,000
・返済他	50,000
差引利益（B—C）	400,000

売上原価＝（期首棚卸金額＋仕入金額）－期末棚卸金額

B　粗利益金＝売上高－売上原価

粗利益率（％）＝（粗利益金÷売上高）×１００

①　②は実際にかかった経費を記入します。

①の人件費（アルバイト）管理雑費・消耗品管理など、店を運営する上で使ったものは領収証を取っておき、科目分けして集計し、損益計算書に落とし込みしていきましょう。

これらは、どんぶり勘定ではなくデータを必ず取り、データを元に計画を立て、店舗運営を行ないましょう。売上げは利益の元となり、粗利益率が適正でないと利益は残せません。

1970年代、日本にハンバーガーチェーンやファミリーレストランができ、それまで水商売と呼ばれてきた商売は「外食産業」となり、綿密な販売計画と計数管理、過去のデータを元にした入客予測など、それまでどんぶり勘定だった商売は、理論的な産業に変わっていきました。

パン業界は大手メーカーの大量生産方式からスタートし、大手のリテールベーカリーが業界を席巻する時代は終わりつつあると判断しています。今後は、お客様の嗜好の多様化に伴い、多様なニーズに対応できる個人オーナーの店が台頭することになります。

そこで大切なことが「計数管理」です。

かつて、「水商売」と呼ばれた飲食店が計数管理を持ち込み、「外食産業」となったように、パン業界も「どんぶり勘定」ではなく、「中食産業」（お弁当や惣菜など、外で買って家庭内で消費する食べ物を扱う産業のこと）と呼ばれるようになっています。個人の店でも同じです。

そのためにも、原価・粗利計算等、計数管理は押さえておきましょう。

たとえば、原価も考えた上でのメニュー開発、構成についてですが、あるお店の新商品開発において、お客様からの要望で「スープ」をサイド商品として置いてほしいという声に対して、スープのミニサイズを50円で出していました。
メニュー開発担当者に原価を聞いてみると、「計算していません」と言います。計算してみると、スープ15円、包材15円でトータルの原価は30円でした。その結果、30÷50円＝60％で原価率は60％になります。

パン屋の平均荒利は70％以上　原価率は30％以内に抑えるのが通常です。

「スープ単体で考えると原価60％」に人件費他の経費を加えると荒利もなくなり、マイナスとなってしまいます。

「売れば売るほど赤字になる」

原価を考えずに価格設定を行なうと、このようにどんなに頑張っても赤字となり、店はつぶれてしまいかねません。
ですから、メニュー開発担当者は、必ずどんぶり勘定や感覚でメニューを開発することなく、計算の元で計画的にメニューづくりを行なわなければなりません。
荒利を考えるなら、原価を算出した上で「ミニスープ」ではなく「クオリティをアップした」「普通サイズのスープ」にして単価を１５０円以上とすることで、通常のスープ荒利は80％は取れるはずです。
ちなみに、先ほどの「スープ」の例を利益が出る仕組みにする方法があります。

その方法を「メニューミックス」と言います。

荒利の低い商品と荒利の高い商品をミックスして、平均荒利を高くとる方法です。メニューミックスによる荒利の確保方法について説明していきましょう。

例として、スープ単体のときの原価率（荒利率）が原価30円、売価50円とした際には、原価率60％、粗利率40％です。

これに、スープだけでなくフランスパンをセットとして販売する仕掛けを作り、お客様が購入したとします。

フランスパンの原価は30円、売価１７０円。原価率17・６％　粗利率82・４％となります。

このスープとフランスパンを合計すると、原価60円、売価２２０円、原価率27・３％粗利率72・７％となります。

スープだけの場合には原価率が60％だったものが、原価率は27・３％に減少します。粗利率も40％しかなかったのが72・７％に増加するのです。

スープセットというメニューを作り（荒利の高い商品と粗利の低い商品を組み合わせることで、粗利の調整を行なうメニューミックス）、利益がアップしました。

今回学んだスープの事例は、極端な事例（スープを売らなければならない前提）ですが、

商品名		原価	在庫	棚卸金額	商品名		原価	在庫	棚卸金額
鳥越フランス		3802	2	7604	カスタード	1k	490	3.5	1715
鳥越うたまろ		4089	1.5	6133.5	エダムパウダー	500g	650	2	1300
上白糖	1K	195	2	390	Tフレッシュ700		465		0
グラニュー糖	1K	224	3	672	Tフレッシュ500		310	5.5	1705
日清フラワー	1K	192	4	768	チョコチップ	1k	830	2.5	2075
明治　脱脂粉	1K	690	5	3450	大納言	2k	1240	1	1240
乾燥パン粉	1K	300	1	300	うぐいす		1150	1	1150
コーンぐりっこ	100g	45	0.5	22.5	ベーコンスライ	500g	670	5	3350
アーレファイン	5k	1600	1.5	2400	ミックスフルーツ		950	1.5	1425
もち米	1k	400		0	ミックスチーズ		830	7	5810
粉末黒糖	500	210		0	さいころチーズ		980	3	2940
粉糖	2.5k	680		0	バジルソース	500	800	2	1600
上新粉	1k	330		0	ガーリックマーガリン		800	1	800
煎りゴマ黒	1k	520	1	520	ハムスライス		620	3	1860
煎りゴマ白		460	1	460	ポテトサラダ	300	150	6	900
マヨネーズ	1k	390	2	780	卵スプレッド		295	2.5	737.5
カリュウDY赤	500g	550	6	3300	ごぼうサラダ		860	0.5	430
ビースカレー	2k	1250	2.5	3125	フォンデュソース		650	4.5	2925
コーンホール		130	1.5	195	ハムオニオン	1k	630	4.5	2835
ランナー		620	1.5	930	照りチキン	300g	320	5	1600
UCCガムシロ	1l	340		0	加塩バター	450g	570	5	2850
バターフレーバーオイル		620	1.5	930	ポークウインナー		520	10	5200
まるまる宮崎焼き芋		660	3.5	2310	アルデンヌ	箱	3400		0
トマトケチャップ		765	0.5	382.5	ホイップ		245	11	2695
メイクアップホワイト		360		0	バラ明太	500g	1200	3	3600
青森紅玉りん	1k	700	3.5	2450	チェリー缶		300	1	300
ブルーベリー		700	2.5	1750	コンデンスミル	480	410	2	820
うぐいすあん				0	くるみ	1k	1350	1.5	2025
イチゴ		640	3.5	2240	アーモンド	1k	800	2	1600
つなフレーク	500g	550	0.5	275	レーズン		295	2.5	737.5
白粒あん	2k	1070	2.5	2675	パイン缶		120		0

棚卸表例）商品名・原価・在庫・在庫金額（棚卸金額）をエクセルで管理

考え方は同じです。食事パン・フランスパン・調理パン・菓子パンなど、原価をきちんと算出し、売りたい商品を売り、粗利益をとるように計算の元、計画的にお店に利益が残るようにメニュー構成を考えましょう。

通常、毎月月末に棚卸作業を行ない、毎月10日ぐらいには損益計算書を作成（売上原価を出し粗利益率を算出し、各経費を記入）し、粗利益や人件費の確認を行ないながら、利益を残せる体質づくりになるよう計画を立てて実行・改善していきます。

損益計算書は、店の経営状態がわかるカルテです。計数管理をきちんと理解し、損益計算書を記入できるようになりましょう。

❸ パン屋経営はあなたの「人となり」経営理念を持とう

コロナウイルスで経済活動が縮小する中でも、新しいパン屋さんはどんどんオープンしています。ナショナルチェーンではなく、個人店の出店であり、オーナーの個性が光る店が増えてきました。かつて、外食産業がたどってきた道を、パン業界も間違いなくたどっています。今後は出店スピードが加速し、パン屋の店舗数も倍増し、一段と競争が激しくなるでしょう。

これまでの章で学んできた、あなたの店の「コンセプト」はもう決まっていると思います。コンセプトを元にした店の経営は、あなたの「人となり」そのものです。そのコンセプトが経営理念につながり、その経営理念がお客様に受け入れられるものであることが大切となります。

商人として
何をどう売るかは

人として
どう生きるかと同じだ
～笹井清範オフィシャルサイト2022・6・19「今日の商う言葉」より

お店の経営そのものが、あなたの「人となり」として現われます。

一人のお客の喜びのために
誠実を尽くし
一人のお客の生活をまもるために
利害を忘れる
その
人間としての美しさをこそ
わが小売店経営の姿としたい
「岡田徹詩集」岡田徹（1958）『商業界』より

以上は、今はなくなりましたが出版社「商業界」の岡田徹氏の言葉です。その岡田徹氏を敬愛していたのが「びっくりドンキー」です。

以下は「びっくりドンキー（株式会社アレフ）」の経営理念です。

> 人間の尊重を原点に置き、活力ある経営をする。
> そして偏りや歪みの無い調和を保つ。
> よりよい品をより安く大衆の側に立つ。
> 損得よりも善悪が先。
> お客様、我々、全ての幸福を目的とするが、
> お客様あっての我々という姿勢を守る。

株式会社アレフは、経営理念を実行してきました。

私が在職していたのははるか昔ですが、「よりよい品をより安く大衆の側に立つ。」については、自社牧場でハンバーグの原材料である牛の品質をチェックするなど、食材に対する安全性の取り組みを行なっていました。食材1つひとつを自社のブランドにすることで食材の安全性を高め、しかもおいしくして、より安く提供する努力を行なっていました。

私がいた頃は、「コーヒー」をアラビカ豆に変えたり、「ビール」をビール純粋令にしたがっ

石窯工房アグリでは、「食べて健康になれて笑顔になれるパン」作りを目標に、毎日作れる量のみを心を込めて手作りしています。

1・粉と配合のこだわり

粉はアグリのパン職人が複数の粉から選んだものを使用しています。
昔懐かしいそしてほっと温まるようなパンを作るために
厳選した自慢の粉をベースにオリジナルの配合を採用しています。

2・安全のこだわり

石窯工房アグリでは「膨張剤(イーストフード）」を使用しません。
膨張剤は発がん物質が含まれていると実証データーが出ています。
日本では、国の基準以下での使用は許可されているので
大手のパン屋さんは使用しています。製パンが簡単になるからです。
私が持ってるパン屋のイメージは
「できたてで安全で、美味しいイメージ」です。
しかし実際は「安全ではない」　ことが現実であることに驚きました。
なので石窯工房アグリでは一切イーストフードを使用しません。
「損得より善悪が先」
正しいことを正しくお客様の安全を第一に考える。
そんなパン屋であり続けるために手間がかかっても
安全なパン作りを続けています。

3・発酵時間のこだわり

イーストフードを使用しないパン作りは逆に言うと
「手間をかけて作る」事です。
石窯工房あぐりでは通常４０分の発酵時間でいいものを
長いもので１４時間かけて発酵熟成しています。

石窯工房あぐりホームページ：こだわりより

た「ドイツの伝統的な製法で作ったこだわりのビール」に変えていました。その取り組みは、現在においても進行中で、「ビーフ」「ポーク」「お米」「野菜」「牛乳」「コーヒー」「ビール」なお、主要食材のほとんどを自社の品質管理の下、契約農家と一緒に、より良いものを作り上げています。

　この取り組みはパン屋でも実行可能ですし、実際に繁盛している店では、なるべくメーカーの既製品を使わずに、自社で手作りを行なうことで安全性やおいしさをアップさせています。

「パンを食べたお客様が笑顔で健康になれるパン作り」が店舗スローガンです。

「損得よりも善悪が先」についても同じです。

2章でもふれましたが、私のホームページにも載せていますが、世の中の大量生産するパン屋のほとんどは、「膨張剤（イーストフード）」を使用してパンを作っているという現状があります。

ほとんどのパン屋が使用する理由は、膨張剤を使えば、短時間で安定したパンが作れるからです。その手軽さの反面、「膨張剤」には「発がん性物質」が入っていて、それを使用することは人体に悪影響を与えるので危険です。危険性を認識しながら「製パン作業が楽になり、生産性がアップする」という理由で今も使われ続けています。もともとびっくりドンキーにいた私にとっては、信じられないことでした。

「損得よりも善悪が先」とは真逆で、まさしく今のパン業界は生産性を上げるために、損得のことしか考えず、善悪を後回しにしている状況です。なので、私の経営するパン屋では「膨張剤（イーストフード）を使わないパン作り」が、こだわりのひとつとなりました。

自分がお店を経営する上で、「お客様にとって安全な商品を提供したい」「お客様に笑顔になっていただきたい」「正しい経営をやりたい」と自分が思っているなら、それが経営理念につながります。パン屋のオーナーとして社長として、社会に対して、「何を目標に掲げてやっていくか？」を明確にして、自分が店の営業を通じて経営理念を実践することで、お客様から愛される店・会社になります。いろいろな会社の「経営理念」を参考にしながら、自分の会社の「経営理念」を決めましょう。

❹ 地域・社会貢献を考えよう

パン屋開業を成功させて繁盛店と呼ばれる店は、お客様のニーズに合致したお店です。自分のパン屋で「こういうお店にしたい」というコンセプトが、お客様の求めているニーズにきちんと合っている店です。そして、繁盛店になるために欠かせないもう1つの要素が、従業員のニーズにも合致している、従業員満足度も高い店であるということです。

コロナ禍でホテル業、飲食業界は苦戦していますが、その中でも売上げを上げているホテル・飲食業に仕事で入らせてもらったことがありました。全国的にも有名なホテルグループだったり、全国でフランチャイズ展開をしている本部だったのですが、社外にアピールしているテレビコマーシャル等の明るいイメージとはかけ離れていて、実情は従業員の離職率が高く、ひどいところでは5年間で40人も社員が辞めていっていました。

「売上げを上げること」と「良い会社」とは、決してイコールではないことがわかりました。そんな会社に共通して言えることは、「従業員を大切にしない」ということでした。社長はワンマン経営の典型で、イエスマンしか周りに置かず、自分のセンスだけで仕事をするので、周りは振り回されてばかりです。

ホテルの方は、安い金額でホテル物件の買収を行ない、低賃金で従業員を雇うことで利益を出していました。飲食店の方は、フランチャイズ契約で得た契約金で利益を出していました。

現状は、一見するとよく見えるかもしれませんが、人が育っていないため、現場は常に疲弊していて人不足であり、今後を予測すると、いつ会社としての営業が人員不足でできなくなってもおかしくない状況であることは明白です。小手先のテクニックだけで経営をしていても、ゆくゆくは潰れていきます。

会社の根幹である「人」を大切にできる会社こそが生き残る会社です。だからこそ、働いている従業員が共感できる経営理念が大切になってくるし、店の取り組みが地域や社会に貢献できる店が繁盛店になります。開業成功と地域貢献・社会貢献はリンクしているのです。

1章でご紹介した社会的な取り組み（ロス対策や寄付）で地域貢献・社会貢献できるパン屋は従業員のモチベーションも高いです。私のやっていた会社の経営理念は、「作りたいものよりも、今必要とされるもの」でした。「自分たちが作りたいものではなく、お客様が必要としたものをつくる」——そんな会社であれば、地域貢献・社会貢献できると思ったからです。ですから、お客様のニーズに合わせたさまざまな取り組みをやっていきました。

●パン事業―膨張剤を使わない安全な生地作りでお客様に食べてもらい、笑顔に健康になっていただけるパンづくりをする。
●パン屋開業支援事業―安全なパンづくりを広め、アレルギー者を減少させる。全国の地域振興・活性化につなげる。
●28品目アレルギー対応防災備蓄パン事業―世界中のアレルギーの方の命をつなぐ・

最終目標は宇宙食）
●着地型観光「カステラ焼き体験」事業―年間1500人の観光客を長崎に来ていただけるようにして、長崎県に1億5000万円の経済波及効果を生み、長崎市の経済の活性化を図る。
●障害者就労支援事業A型運営―雇用契約を結び、障害者の方の給与及び働く場所の確保を行なう。
●少子高齢化対策事業―長崎県と連携し、マッチングイベントを開催し成婚率をアップさせる）
●貧困・自殺減少対策事業―長崎市内のひとり親家庭・ホームレス・生活保護の方・学童等にパンを寄付し、命をつなぐ。
●創業支援事業―長崎で創業したい方へ工場の貸し出し・販売所の無料貸し出しを行なう。

私の目標は、これらの事業を実行することで、お客様や社会に貢献することであり、そのことで「自分や自分の家族、会社の従業員が幸せになってほしい」と考え、店を経営していました。

福岡の繁盛店「パンストック」さんは、お客様のために厳選した安全な国産小麦粉を使用し、おいしくするためにパンの種類によって配合を変え、発酵時間を変え、焼成方法を変え、手づくりの食材を使用したこだわりの店です。「お客様に、安全でおいしいものを食べていただきたい！」。そんな店の方針を店の営業で体現し、お客様にお伝えできる店です。お客様の持つ「安全でおいしいパンを食べたい！」というニーズを満たすことで、地域貢献・社会貢献しています。

地域貢献・社会貢献と言うと難しい印象を持つかもしれませんが、お客様のために何であってもお役に立てれば、それは地域貢献・社会貢献です。おいしいパンを継続してお出しすることも、従業員を雇うことも地域貢献・社会貢献です。何でもいいのです。自分のことしか考えず（従業員のことも大切にせず）、自分のやりたいことだけやる店はそのうち潰れます。

店をオープンして経営していくことは、自己実現をするということでもあります。自分が本当にやりたかったことを実現するということです。その時にふと立ち止まって、何のためにやるのか？　をもう一度考えてほしいのです。自分だけのためにやるものなのか、どうせやるなら、地域・社会に貢献できることを考えてやるのか？　です。自分もお客様も従業員も地域社会も、みんなが笑顔になれるそんな経営ができれば楽しいし、自分の人

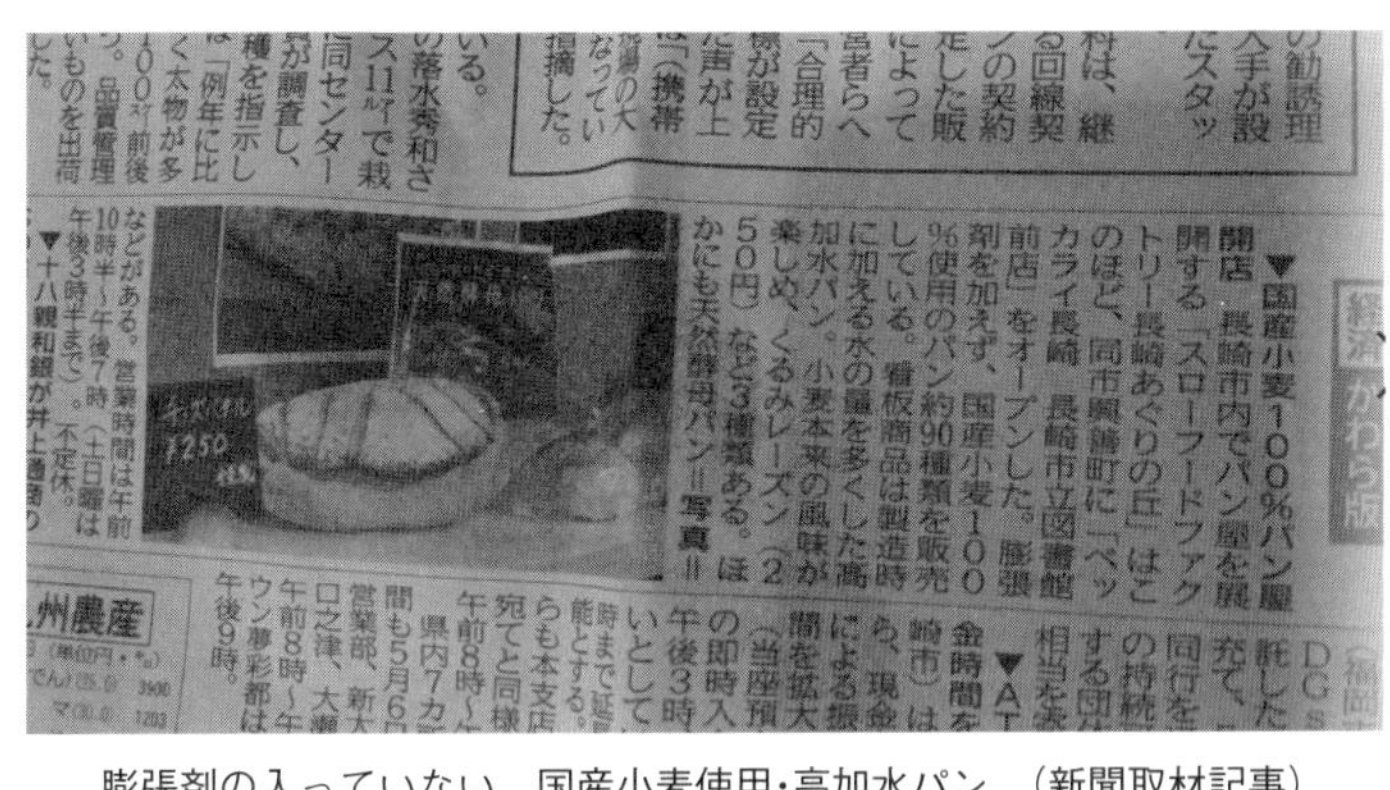

経済かわら版

▼国産小麦100%パン屋開店　長崎市内でパン屋を展開する「スローフードファクトリー長崎あぐりの丘」はこのほど、同市興善町に「ベッカライ長崎　長崎市立図書館前店」をオープンした。膨張剤を加えず、国産小麦100%使用のパン約90種類を販売している。看板商品は製造時に加える水の量を多くした高加水パン。小麦本来の風味が楽しめ、くるみレーズン（250円）など3種類ある。ほかにも天然酵母パン＝写真＝

膨張剤の入っていない　国産小麦使用・高加水パン　（新聞取材記事）

生も豊かになります。最終的には、みんなが笑顔なら「幸せ」になれます。

繁盛店と呼ばれる店は、何らかの形で必ず地域・社会に貢献しています。地域貢献・社会貢献はできることからやればいいのです。自分のことだけではなく、自分の周りの人を大切にして、社会に貢献する取り組みをしていれば、必ずお客様が味方になってくれます。

本書では、自分がやりたいパン屋（店）をオープンする手法について勉強してきました。

勉強を活かして実際に店をオープンしてもらいたいし、オープンが実現したときが本当のスタートだと思っていただきたいのです。自分のやりたい店をオープンできたことはすばらしいことです。それは、自己実現できたということです。オープンすることで、お客様、または従業員との関わりができます。おいしい

長崎新聞　2021年（令和3年）2月20日 土曜日

ひとり親や作家 市場で支援

長崎のパン屋、23日 売り上げ一部寄付

創業支援・ひとり親家庭寄付取り組み（新聞取材記事）

パンを喜んで食べてくれるお客様。そして、そんな光景を実現できた経営者。お客様とのつながり（従業員とのつながり）を大切にして店を繁盛店にしましょう。必ず、そこにはお客様の笑顔があります。

店をオープンするまで、そしてオープンした後もいろいろなことがあります。「お客様、従業員、店舗にかかわるすべての方の笑顔あふれる店づくり」を達成し、繁盛店を目指して頑張りましょう。

2021年(令和3年)5月12日 水曜日

パン職人養成 地域振興へ

店舗での講座 計画

スローフードファクトリー長崎あぐりの丘

長崎市内でパン屋を経営するスローフードファクトリー長崎あぐりの丘(同市)は自社店舗内でパン職人養成講座を計画している。6月ごろから1年かけて製法や店舗経営を学んでもらう構想で、オーナーの西島直孝さん(48)やスタッフが講師を担当。西島さんは「パンが好きで、地域を盛り上げたい気持ちがある人に参加してほしい」と呼び掛けている。

西島さんは国産小麦100％使用のパン屋を4店経営。これまでも数日間の短期講座を開いてきたが、県内では本格的にパン屋を育成する場がないと感じ1年間の講座を計画した。これまでも安心安全のため添加剤を使わないパン作りを指導してきた。「(受講した人が)1店舗でも県内で開業すれば、その分、地域経済活性化につながる」と期待を込める。

受講生は、西島さんが運営するパン屋、ベッカライ長崎元船店の設備を使い、生地の成形や焼き方などの製法を体験。また[illegible]を見据えて物件探しや準備費用、他店との差別化を学ぶ。任意でフードコーディネーターなどの資格取得に取り組むこともできる。

受講資格は20～40代の男女で学歴不問。外食チェーンで店舗経営経験がある西島さんが面接し、受講の適正を判断する。定員は5人程度。受講料は[illegible]100万円。「新型コロナウイルス禍に伴う保護者の失業など[illegible]な人は免除する」としている。

5月30日午前10時から元船店2階で説明会を予定。問い合わせはスローフードファクトリー長崎あぐりの丘(電095・825・5354)。(山本[illegible])

パン職人の養成講座を計画している西島さん＝長崎市元船町、ベッカライ長崎元船店

4月の宿泊稼働指数 本県30 13ポイント低下

県外との高速バス きょうから運休に

パン職人養成地域振興取り組み（新聞取材記事）

「ひとり親家庭」長崎へのパン寄付支援（テレビ取材にて）

長崎県観光客増加取り組みのための「長崎県ビジネスプランコンテスト最優秀賞受賞」(新聞取材にて)

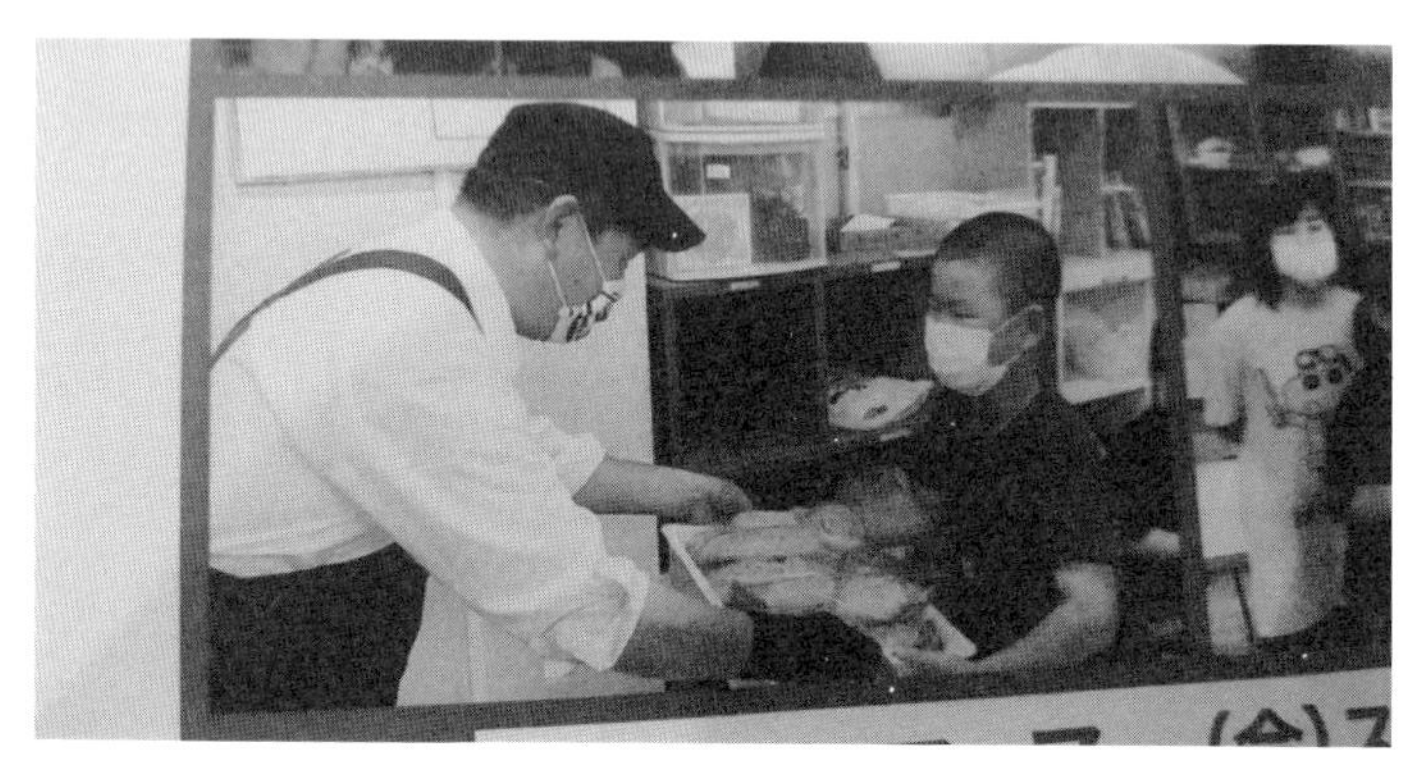

長崎で学童保育へのパン寄付(テレビ取材にて)

あとがき

このたびは本書を手に取っていただき、誠に有難うございます。

私が今、こうして外食・中食産業に関わりコンサルティングを含め生業になった大きなきっかけは、「びっくりドンキー」で素晴らしい理念と尊敬できる先輩に出会えたことでした。

福岡大学を卒業し地元長崎の「松早グループ」に入社し、伊王島のホテルに配属。大学空手道部の体育会系のノリで仕事をし、「自分のことしか考えない」社員でした。その後、社内でびっくりドンキー事業部の立ち上げメンバーに選ばれ、びっくりドンキーの歴史の中でも大きな役割を担う「九州進出」の店舗立ち上げを経験しました。びっくりドンキー大村店です。オープン当時は1店舗に社員4名パートナーさん60名ほどでスタートしました。

私はホール責任者として30名程のホールスタッフの教育訓練を担当していましたが「自分のことしか考えない言い方」に誰一人としてついてきてくれませんでした。パートナーさんとの喧嘩は日常茶飯事で、そんな自己中心的な私を根気よく指導してくれたのが当時の店長、久富悟さんです。久富さんは愛情あふれた方で本当に「お客様」「従業員」の事を真剣に愛し、守ってくれる「自分のことよりも他の人のことを思いやることができる人間的に大きな人」でした。

そしてもう一人副店長、松尾好博さん。松尾さんも「相手の気持ちを考えきれる人間的に大きな人でした」。この二人の先輩に出会うことで、「外食産業」の楽しさを覚え、仕事の楽しさ、仕事の厳しさを勉強させてもらいました。そしていつしか「僕もこの人たちのように他の人を思いやることができる人間的に大きな魅力的な人になりたい！」と思うようになり、誰も言うことを聞いてくれない現状を変えようと努力しました。

①話しかけられたら必ず笑顔で、そして絶対に相手を否定することはせずに1回すべてを受け入れる。

②話しかけた相手が「どういう気持ち」でその言葉を発したのか相手の気持ちで考える。

③話しかけた相手が納得する答えを頭にイメージして発言する。

まずこのことからスタートしました。そして最終的には、

④話しかけた相手の言っていることが正しいか間違っているかを客観的に判断し、相手を認めたうえで発言することができるようになりました。

そうするとパートナーさんが1人仲間になり、またひとり仲間になって、**最後には全員**

のパートナーさんが本当のパートナーとなり「お客様の満足を得る」ために全員一丸となりお店の売上も上がっていきました。自分の性格を変えることは難しく、①〜④を達成するまでに「1年半」かかりました。しかし、この「1年半」は自分にとってかけがえのない時間であり「自分のことだけしか考えない」ではなく「相手のことを考える」ことで人も会社もすべてが幸せになるという経験は私の経営哲学の根幹となってます。

私がパン屋の開業支援を行なっているのは、自分がパン屋をやるときに誰も教えてくれなくて困った経験があったからです。閉鎖的なパン業界ではなく開放的なパン業界にすることで、未経験であっても多くの人にパン屋をオープンする喜び・自分のやりたいことを仕事にする喜びを味わって欲しいと思っています。

何であっても「相手の立場に立って考えて行動する」ことが大切です。

ペイフォワード

自利利他

自分が受けた恩を他人に分け与える世の中になってほしいです。

今までいろいろな方に支えられて今の自分があります。

コロナウイルスにより私たちの世界は一変しました。

女性や若者の自殺率増加、シングルマザーは自分の食べる物を子供に分け与え生活は苦しく、子供たちの7人に1人は貧困と言われる国。これが日本の現状です。

この国の政治は「生活弱者の味方」とは言えず、「国民のことを（相手の気持ちになって）考える」ことができません。

私は社会活動家（＝社会を良くするために活動する人）でありたいと思っています。ただし、きちんと売上を上げ利益を出し、しっかりとした根っこがなければそれは実現できません。

この本を手に取っていただいた皆さんも同じです。

自分でパン屋をオープンし成功してもらいたいと考えています。

その手助けはいつでも私がします。

まず自分の収入を安定させることが一番です。本業としてパン屋をしようと、副業であろうとにかく「稼いで」ください。しっかりと地域に根っこを張ってください。

そして自分が安定したら地域の社会に目を向け、何かできることがあるかを考えましょう。

もちろん「美味しい無添加の安全なパンを提供すること」も立派な地域貢献です。

本書を読んでいただいた皆さんとつながり、その輪を全国に広げて優しい社会を目指しましょう。

最後になりましたが、本書の出版を応援していただいた著者リンピック（＝旧九州出版会議）の皆様に心より感謝申し上げます。また、自分を育ててくれた父（豊博）、母（泰子）自分の子供になってくれた慶明、誠希、そして自分を支えてくれた妻（美穂）本当にいつもありがとう。家族・会社・社会みんなが幸せになれるよう精進いたします。
本書が閉鎖的なパン業界の発展に少しでもお役に立てるよう願っています。

西島　直孝

２０２３年2月

〜亡き恩師　浅野洋三氏を想いながら〜

繁盛パン屋になるためのＰＯＰ作成マニュアル無料プレゼント＆お悩み相談実施。

本書を最後まで読んでいただきまして有難うございます。

繁盛パン屋作りの為の「ＰＯＰ作成方法」と「お悩み相談」で、売り上げアップに役立ててください。
＊お悩み相談は西島が行います。

プレゼントの受け取り・無料お悩み相談申し込みは
①「パン屋開業支援　石窯工房あぐり」ホームページにアクセス（下記アドレス・ＱＲコードよりアクセスできます。）
http://e-barger.com/startup_support/

②開業支援ページにあるメールマークをクリック
③メールフォームに必要事項や相談したいことを入力し送信してください。

パン屋開業支援　石窯工房あぐり　西島　直孝

【著者略歴】

西島 直孝（にしじま・なおたか）

1972年、長崎県生まれ。

長崎東高等学校、福岡大学経済学部経済学科卒業。

大学卒業後、松早グループに入社し「ルネサンス長崎伊王島」にてホテルサービス、「ハンバーグレストランびっくりドンキー」でナショナルチェーンのフランチャイズシステム、人材育成システムを学ぶ。

その後独立し、飲食店、ダイニング、フレンチ、丼、カフェ、パン屋など複数の業態を立ち上げながら開業支援、教育訓練コンサルティングを行なう。

個人事業主、中小企業が利益を出すことで経済活動が機能し、世の中がよくなるために奮闘中。

フードコーディネーター２級、調理師、販売士。

社会活動家。日本空手道連盟４段位（国体２回出場）杖道初段。

安心・安全の繁盛パン屋が教える**小さなパン屋さんで成功する方法**

初版１刷発行●2023年　3月　31日

著　者

西島 直孝

発行者

薗部 良徳

発行所

㈱産学社

〒101-0051 東京都千代田区神田神保町3-10　宝栄ビル

Tel.03（6272）9313　Fax.03（3515）3660

http://sangakusha.jp/

印刷所

㈱ティーケー出版印刷

ISBN978-4-7825-3580-6 C2032